ついに見えたブラックホール

地球サイズの望遠鏡がつかんだ謎

谷口義明 著

丸善出版

超大質量ブラックホールが見えた！

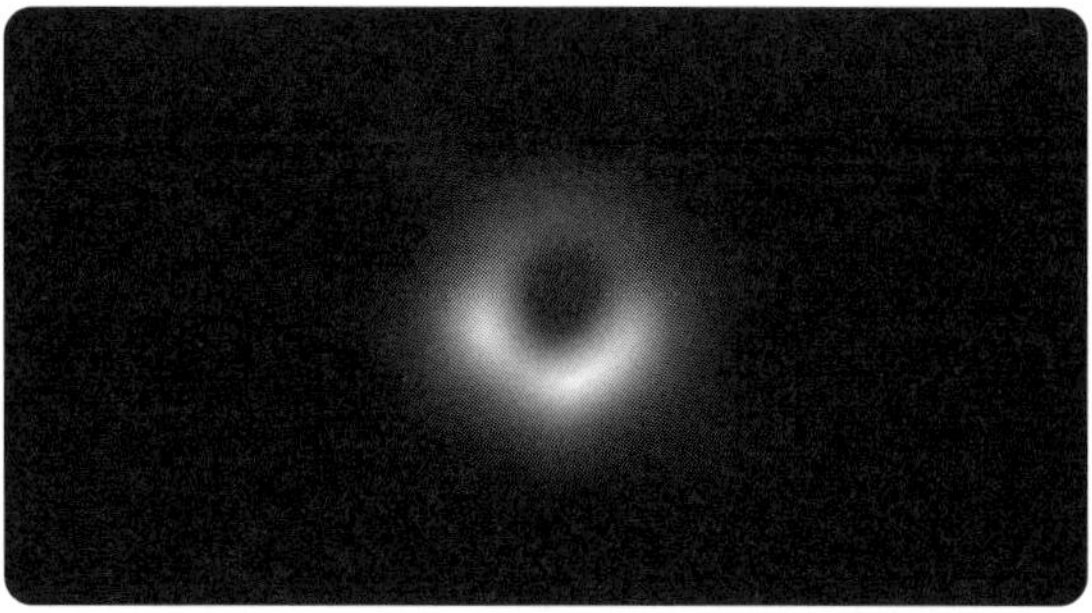

図　イベント・ホライズン望遠鏡が撮影した、楕円銀河M87の中心にある超大質量ブラックホールがシルエットとして浮かび上がった姿　〔EHT Collaboration〕

ついにブラックホールの姿が捉えられた（図）。二〇一九年四月一〇日、このニュースが世界中を駆け巡った。図に見える黒い穴の中に太陽質量の六五億倍もの質量を持つ超大質量ブラックホールが潜んでいる。周辺に見える輝きは、ブラックホールの周りにある高温の電離ガスが放射する電波である。この輝きを利用して、シルエット（影）としてブラックホールの存在が確認されたのである。そのため、この図で見えているものは、ブラックホール・シャドウとよばれている。

ブラックホール本体が明瞭に見えたわけではないが、ブラックホール・シャドウは理論的に予想されていた現象である。せっかくの機会なので、ブラックホール・シャドウについて学び、ブラックホールの理解を深めておくことにしよう。

目次

第1章　ブラックホール　1
ブラックホール予想……2
戦場のブラックホール……5
とまどう光子……7

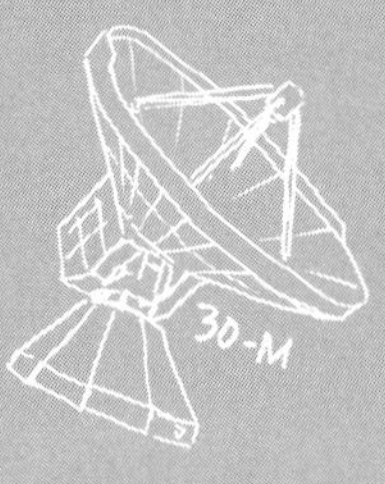

第2章　ブラックホール・シャドウ　11
ブラックホール周辺の時空……12
逃げられない光子……13
ブラックホールを取り囲むもの……14
ブラックホール・シャドウ……15
ブラックホールを影で見る……16

第3章　電波銀河M87　21
何を観測すればよいのか？……22
おとめ座銀河団……23
電波銀河M87の中心に潜むモンスター……26

第4章　イベント・ホライズン望遠鏡　33
イベント・ホライズン望遠鏡あらわる……34
EHTが見たもの……36
超大質量ブラックホールの質量を決める……37
EHT観測の科学的意義……38

第5章　残された謎　41

なぜ電波ジェットは見えなかったのか?　42
電波ジェットの正体　44
不思議な電波ジェット　46
ペア・プラズマの謎　50
三本ジェットの謎　52

第6章　これから先のこと　53

さらなるデータがある　54
いて座A*　54
楕円銀河 NGC 5128　61
クェーサー OJ 287　67
楕円銀河 NGC 1052　72
クェーサー 3C 279　74

第7章　超大質量ブラックホールは一個じゃない?　81

銀河の中心に超大質量ブラックホールは何個あるのか?　82
歳差運動するジェット　83
超大質量ブラックホールは一個じゃない?　85
銀河の多重合体　90
クェーサーに住む日　93
セイファート銀河の秘密　100
合体統一モデル　108
M87の場合　112

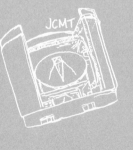

第8章 EHTの行方 117

EHTの課題……118
短い波長で見る……119
可視光-赤外線VLBIなら何が見えるか?……120
スペースVLBI……120
スペースEHTへ……125

あとがき……127
謝辞……136

付録 178

付録1:ブラックホールの世界
付録2:活動銀河中心核(AGN)
付録3:超長基線電波干渉計(VLBI)
付録4:スパースモデリング
付録5:電波ジェットで観測される超光速運動
付録6:可視光-赤外線VLBIなら何が見えるか

参考図書……181
索引……184

第1章　ブラックホール

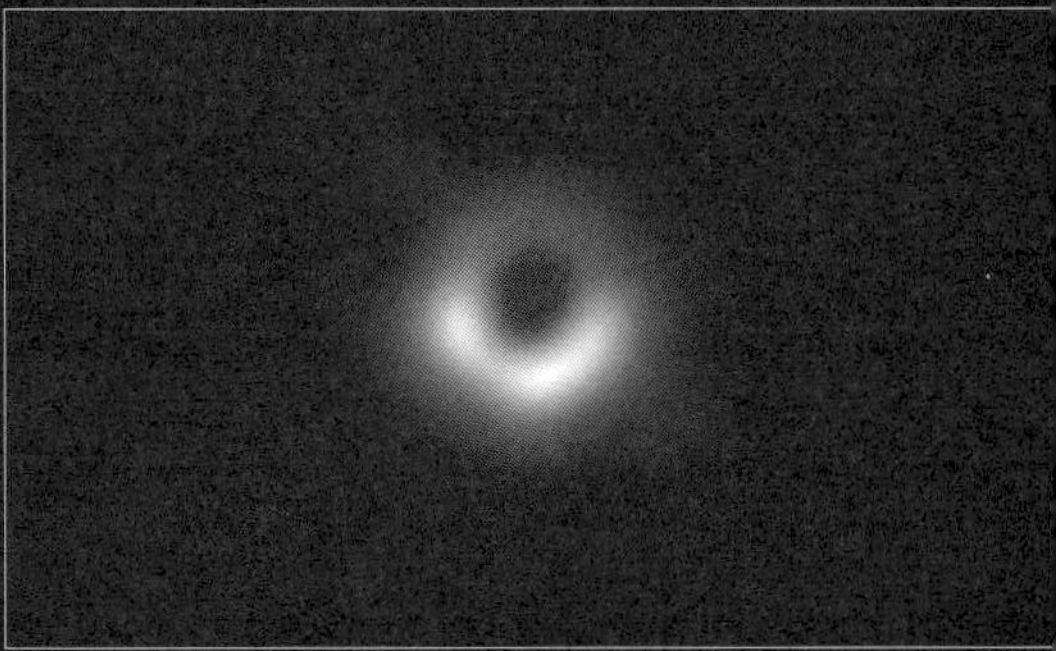

〔EHT Collaboration〕

ブラックホール予想

ブラックホールはアルベルト・アインシュタインの一般相対性理論から予測された天体である。この予測は一九一六年に出た。ドイツの物理学者カール・シュバルツシルト（1873-1916）が求めたものだ。質量だけを持つブラックホールの場合の解で、その後シュバルツシルト・ブラックホール解とよばれるようになった。

しかし、当初は解を見つけたシュバルツシルト自身もそうだったが、アインシュタインをはじめとして、多くの物理学者や天文学者は、宇宙にそんなものがあるとは思わなかった。あくまでも、理論上の産物という扱いだったのである。

ブラックホールはその重力で時空を歪める。その歪みが無限大になる場所があり、そこを「事象の地平線（イベント・ホライズン：event horizon）」とよぶ（図1・1）。

では、外から事象の地平線を眺めると、どうなっているのだろうか？　その様子をまとめると、次のようになる。

・時が止まっている
・空間は無限大に引き伸ばされる
・光も止まる

・光の波長は無限大になる
・光のエネルギーはゼロになる

これでは、どうしようもない。これらのことを考えればわかるように、事象の地平線の内部から、外部に光や情報は出てくることはない。

つまり、ブラックホールの定義は

「事象の地平線に囲まれた時空の穴」

ということになる。ブラックホールからは光ですら脱出できない。だから、色は黒だ。まさにブラックホールなのだ。これではどう頑張ってもその姿を見ることはできそうにない。見ることができないものの存在を信じるのは難しい。科学とはそういうものだ。

ところが、二〇世紀中葉になると、星スケールから銀河中心核のスケールまで、異常な輝き

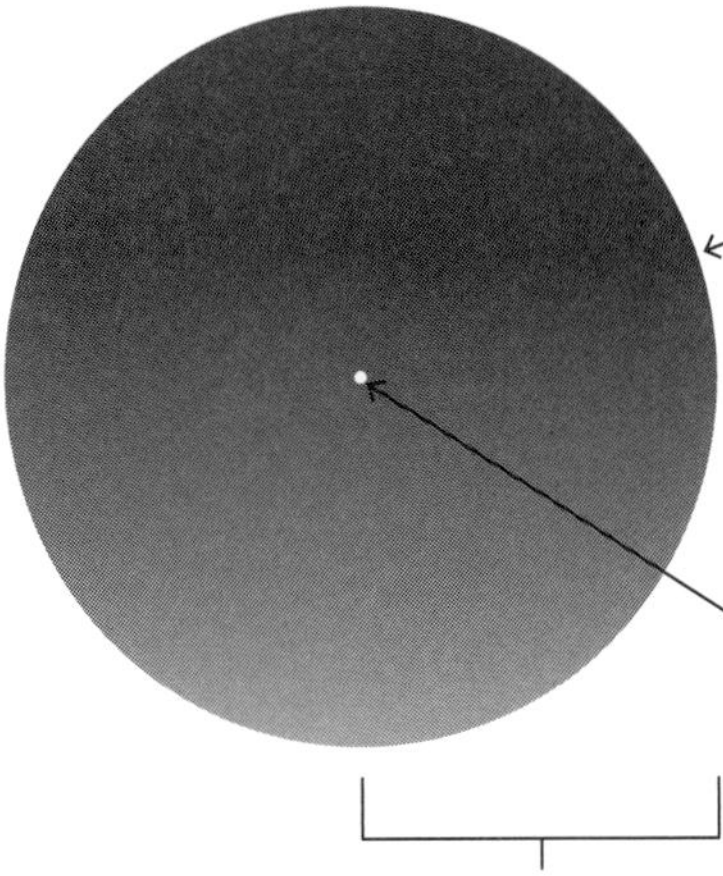

図1.1　ブラックホールの基本構造

を示すものがいくつも見つかるようになった。銀河中心核の場合、その明るさは太陽一兆個分にも相当する。また、明るさは変動し、その周期は数日から数年である。つまり、輝いているご本尊のサイズは数光年以下である（一光年は約一〇兆キロメートル）。そんな狭い領域に一兆個の太陽を埋め込むことはできない。仮に一兆個の太陽（星）を半径一光年の球に詰め込んだとしよう。すると星々の平均距離はわずか一五億キロメートルでしかない。太陽と地球の距離（一億五〇〇〇万キロメートル）のたった一〇倍の距離である。星々は衝突して合体し、それこそ重力崩壊を起こしてブラックホールになってしまうだろう。つまり、星の輝きでは到底説明することができないのだ。

　そこで、登場してくるのがブラックホールだ。ブラックホールの重力をうまく利用すれば、異常な輝きが説明できる。ブラックホールによる重力発電は、星の内部で起こる熱核融合（水素原子核［陽子］からヘリウム原子核を生成する現象）よりも、一〇倍以上も効率が高いからだ。しかし、誰もブラックホールそのものを見たわけではない。ただ、ブラックホールがあると観測的な性質が説明できるというものであった。

　ところが、ご存知のように、科学では実験や観測で確認できない限り、健全な進展はない。見えないといって諦めてしまえば、そこでブラックホールに関する研究はストップしてしまうのだ。

戦場のブラックホール

星などの天体が、自分自身の重さに耐えきれず、その重力によって縮んでいく。これは重力崩壊とよばれる現象だ。

星が縮んでいくと聞くと、星をつくっている物質が星の中心に向かって落ち込んでいくことを私たちはイメージする。ところが、一般相対性理論ではそうは考えない。物質が落ち込んでいくのではなく、時空が落ち込んでいくと考えるのである。つまり、あくまでも「物質＝時空の歪み」なのだ。

そうすると、重力崩壊の意味合いが違ってくる。結局、重力崩壊は時空が縮んでいくことに他ならないからだ。この時空の縮む速度が光の速度を超えたらどうなるだろうか？　当然のことながら、その場所から光（電磁波）が私たちに届くことはない。つまり、色は黒。そこがブラックホールになったのだ。

「ブラックホールは戦場で発見された」。こう聞くと、みなさんは「えっ？」と思われるだろう。歴史を紐解くと、一人の天才の姿が浮かび上がる。その人の名前はカール・シュバルツシルト（図1・2）。ドイツの物理学者だ。彼はアインシュタインの重力場方程式の解を最初に求めた。しかも、その研究を行ったのは第一次世界大戦の戦場だというから驚く。だが、彼は戦場で重い病を患い、帰還したもののあえなく他界した。第一次世界大戦の戦火に消えたといってもよいだろう。

しかし、幸いにも彼の求めた方程式の解は残った。その解は、星が重力的に崩壊し、光が脱出でき

図1.2　カール・シュバルツシルト（1873-1916）

なくなる状況を示していた。それが、ブラックホール解である。この偉大な業績にちなみ、光が脱出できなくなる速度が実現する半径は、「シュバルツシルト半径」とよばれるようになった。

シュバルツシルトの得た解は、質量があるだけの（角運動量や電荷はない：付録1、図A1・1参照）天体が重力崩壊した場合に適用できる（シュバルツシルト解）。この場合、シュバルツシルト半径より内側のことは何もわからない。情報（光）が出てこないからだ。そのため、シュバルツシルト解の場合のシュバルツシルト半径[*1]は「事象の地平線（あるいは地平面）」とよばれる。この用語は米国の物理学者ウォルフガング・リンドラー（1924-）が一九五六年に初めて用いたものである。

質量M、半径rの星の表面から、質量mの物体が脱出する場合を考えよう。脱出するためには、質量mの物体の運動エネルギーが、質量Mの物体から働く重力ポテンシャルに打ち勝つ必要がある。両者が等しいときの条件からrについて解くと$r = 2GM/v^2$となるが、ここで、脱出速度＝光速度、すなわち$v=c$とするときの半径がシュバルツシルト半径になる。

では、シュバルツシルト半径の場所では、何が起きているのだろうか？　一般相対性理論は時空の物理学である。時間一次元と空間の三次元が協力して、四次元の世界で物事を考えることになる。重力が強くなるということは時空の歪みが大きくなることを意味する。そのため、重力の強いところでは、時間の進み方が遅くなるという性質を持つ。ブラックホールに近づいていくと、だんだん時間の進み方が遅くなる。そして、シュバルツシルト半径の場所に達すると、ついに時間が止まる。そのため、そこでは光が止まっている。だから、光はそこから出てこられないことになるのだ。古典力学で考えた脱出速度の議論は、このように置き換えられるのである。なお、「時間が止まる」という意味で、ブラックホールは「凍結星(凍った星、フローズン・スター)」とよばれていた時期もあった。

とまどう光子

さて、ブラックホールは「事象の地平線に囲まれた時空の穴」であり、光や情報は出てくることはない。では、ブラックホールのすぐ近くでは、いったいどんなことが起こっているのだろう。ブラックホールの周りでは光子が飛び交っているはずだ。問題はそれらの振る舞いだ。

＊1　シュバルツシルト半径 r_S は $r_S = 2GM/c^2$ で与えられる。ここで G は重力定数、M はブラックホールの質量、c は光速度である。これはアインシュタイン方程式を解いて得られるものだが、ニュートン力学でも、脱出速度のことを考えると、同じ解を得ることができる。

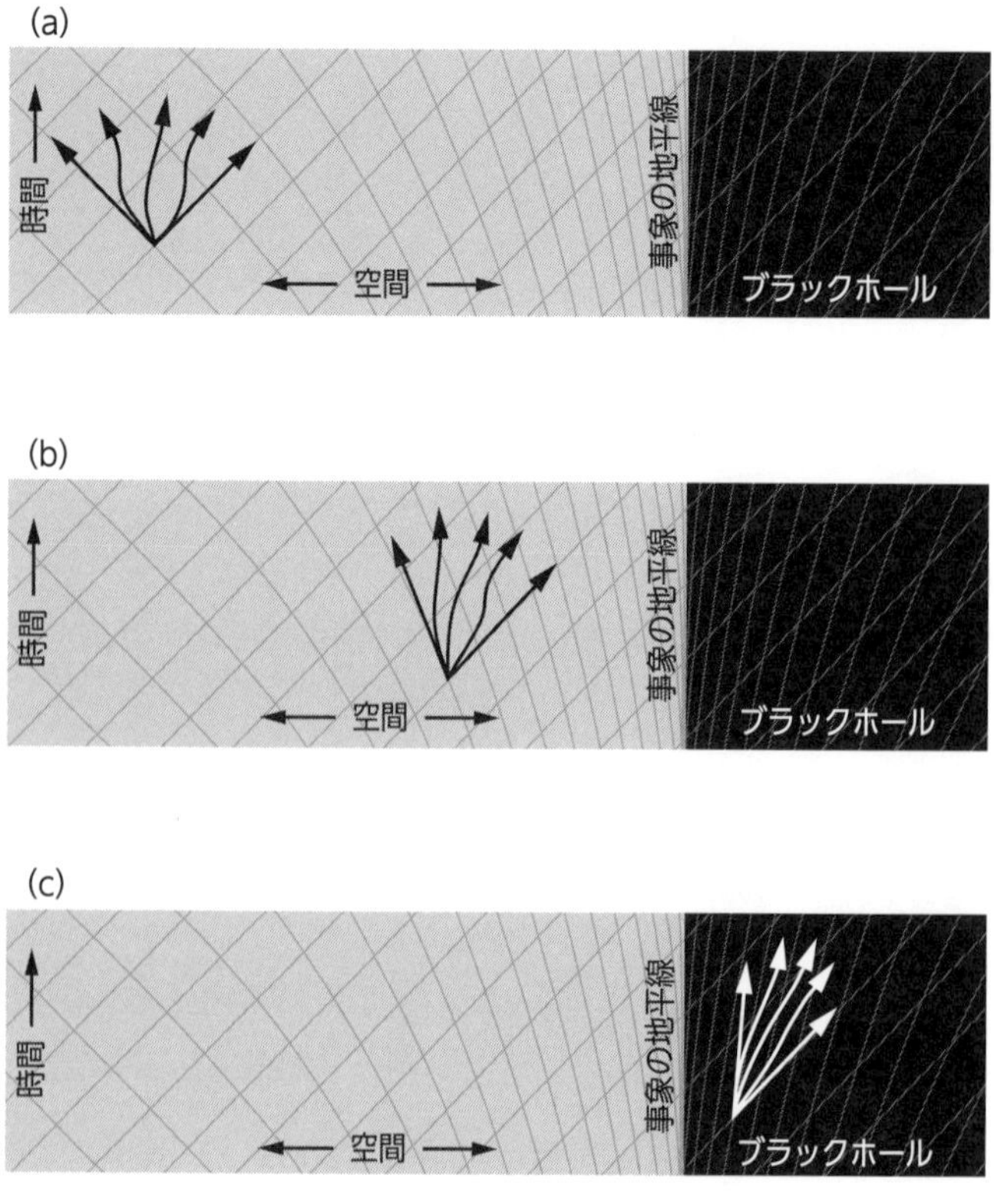

図1.3　ブラックホールとその周りにある光子（あるいは粒子）の振る舞い

（a）ブラックホールから十分離れていれば、時空の歪みは無視できるので、光子は自由に飛び交うことができる。
（b）時空の歪みの効果が出てくると、光子は時空の歪みに沿って伝播することになるので、ブラックホールに近づく軌道を取るようになる。
（c）事象の地平線の内側になると、光子はブラックホールの中心に向かう軌道を取ることになり、決して事象の地平線の外側に出てくることはない。

図1・3にブラックホールとその周りにある光子（あるいは粒子）の振る舞いの様子を示したので見ていただきたい。ブラックホールに近づけば近づくほど、時空の歪みの効果が大きくなり、ブラックホールに近づいていく軌道を取るようになる。そして、事象の地平線の内側に入ってしまえば、もうその外側に出てくることはない。

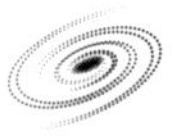

第2章　ブラックホール・シャドウ

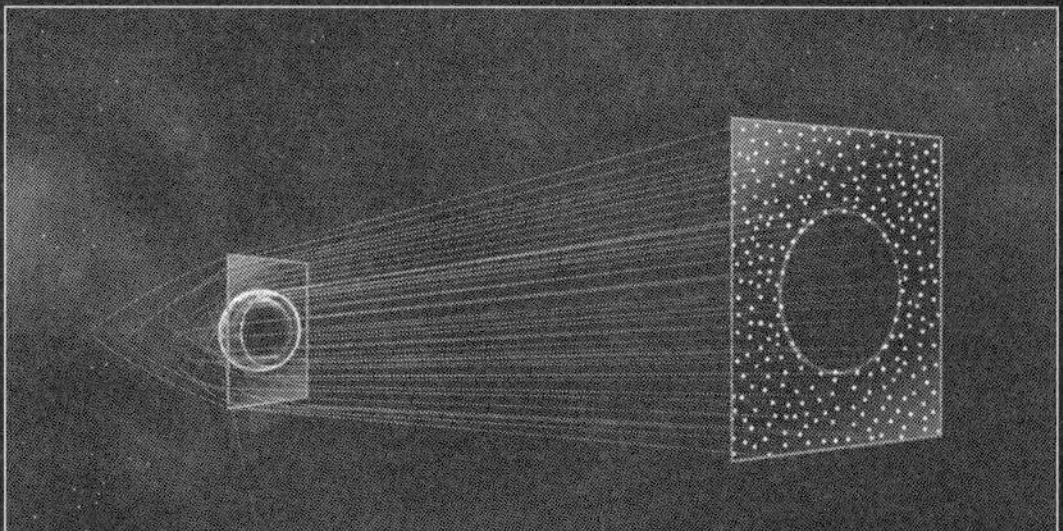

背景の光をバックにして浮かび上がるブラックホール・シャドウ
〔Nicolle R. Fuller/NSF〕

ブラックホール周辺の時空

先にも述べたように、アインシュタインの一般相対性理論の方程式にシュバルツシルト・ブラックホール解が発見されたのは一九一六年のことである。しかし、その存在は疑問視されていたので、ブラックホールの研究はすぐには進展しなかった。

このシュバルツシルト・ブラックホール周辺の時空の性質が最初に理論的に調べられたのは、一九三一年になってからだ。その研究は、なんと日本人によってなされた。その人は萩原雄祐（1897-1979）である（図2・1）。

萩原は東京帝国大学で助教授の時代、弱冠三五歳のとき（一九三一年）に「シュバルツシルト重力場における相対論的軌道の理論」と題された論文を出している。重力で歪んだ時空の中で、光子がどのように伝播するのかを調べたものだ。この論文は一〇〇頁を超える大論文であった。楕円軌道、双曲線軌道、スパイラル軌道、リミット・サイクル軌道など、あらゆるケースで測地線がどうなっているか

図2.1　1954年、57歳の萩原雄祐

萩原は東京大学を定年後、東北大学天文学教室の教授に赴任している。筆者も東北大学天文学教室の出身なので、萩原は偉大なる大先輩ということになる。ちなみに筆者は1954年生まれである。

を調べ尽くしている見事なものだ（図2・2）。ここで、測地線とは空間にある二つの地点を結ぶ最短の線のことである。

数式だらけの大論文なので、二回しか引用されていないが、萩原はブラックホールの重要性を認識していたのだろう。ちなみに、萩原は天体力学の泰斗であり、彼の著した教科書『天体力学』（全五巻）はまさに天体力学のバイブルともいうべきものである。

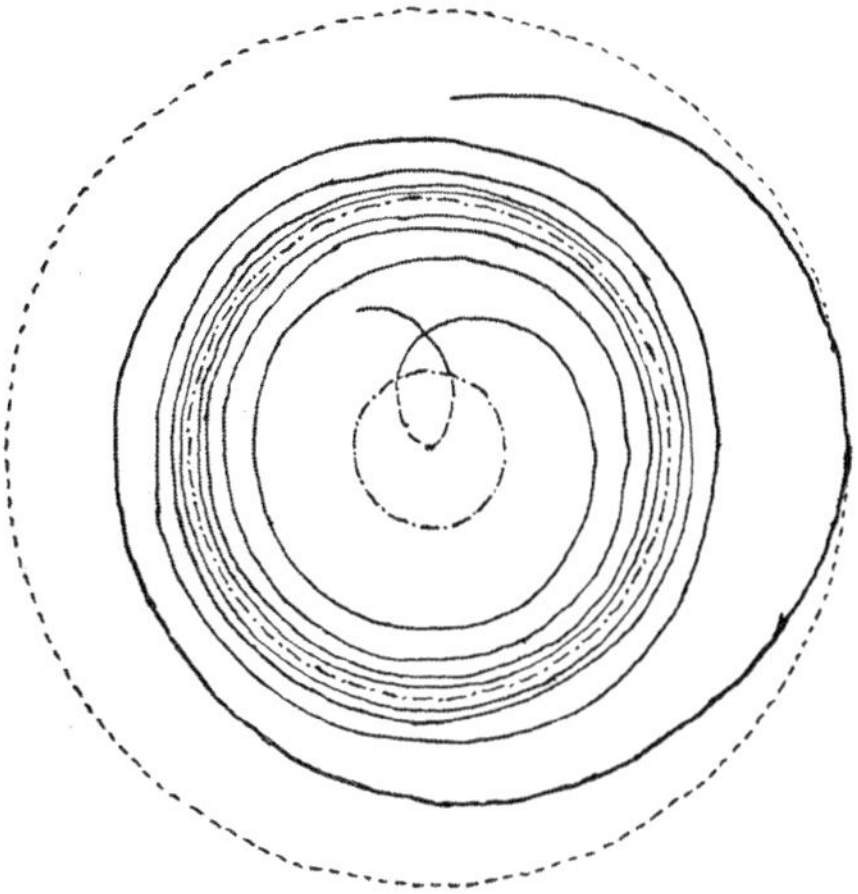

図2.2　萩原の論文に出ている、ブラックホール周辺での光子の軌跡の例：リミット・サイクル
この図でブラックホールは中央にある一点鎖線（ー・ー・ー）の円である。当時の論文の図は手描きであることがわかる。
〔Japanese Journal of Astronomy and Geophysics (1931) **8**, 67〕

逃げられない光子

ブラックホールの周辺にある光子の振る舞いを、もう少し詳しく見ておくことにしよう。じつは、ブラックホールから逃げることができない光子がある。いつまでもブラックホールの周りを回り続けている光子があるのだ。

ブラックホールの周辺は重力が非常に強い。そのため、ブラックホールの

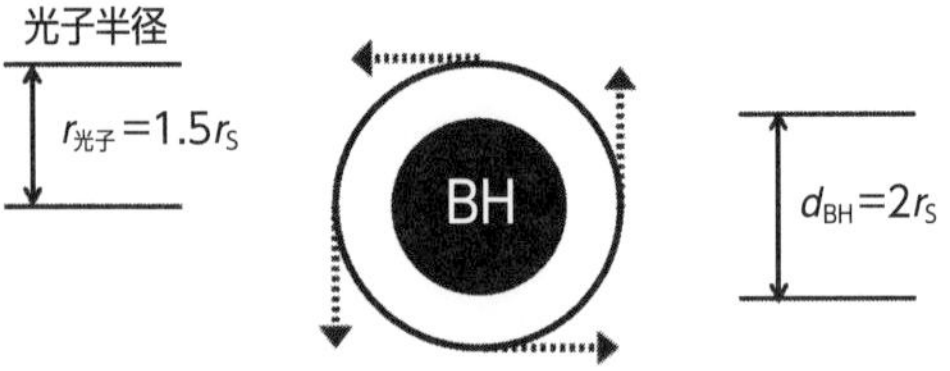

図2.3 光子半径の概念

シュバルツシルト半径(r_S)の1.5倍の半径の場所で水平方向に放たれた光子はブラックホール(図ではBH)による時空の歪みの効果で、ブラックホールの周りを回る周回軌道を取り、ブラックホールから離れることができなくなる半径がある。これを光子半径とよぶ。なお、シュバルツシルト半径(ブラックホールの中心から事象の地平線までの距離)は $r_S = 2GM_{BH}/c^2$ で表される。ここでG、M_{BH}、c はそれぞれ重力定数(万有引力定数)、ブラックホールの質量、光速である。

周辺で放たれた光子がブラックホールから抜け出すことができずに、ブラックホールの周りを回り続ける軌道を取る場所が生まれる。ブラックホールの中心からその場所までの距離を光子半径とよぶ（図2・3）。

光子半径はシュバルツシルト・ブラックホールの場合、シュバルツシルト半径（r_S）の一・五倍の場所になることがわかっている。一方、自転している「カー・ブラックホール」（付録1参照）の場合は、自転の向きに依存して光子半径は増減する。具体的にはr_Sの約〇・五倍から二倍の範囲で変化する（図2・11を参照）。

ブラックホールを取り囲むもの

さて、光子半径のことはわかった。この半径より内側で放たれた光子の運命は自明だ。ブラックホールに吸い込まれて消える。では、その外側はどうなのだろう。

光子半径の外側からやってきた光子は、ブラックホール

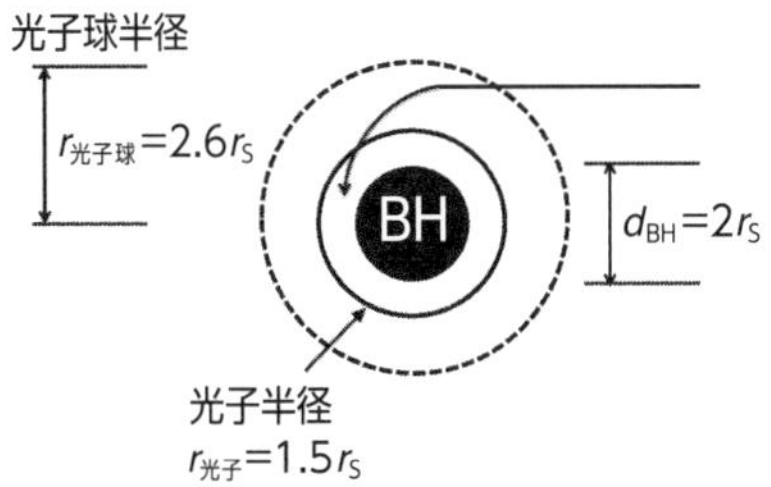

図2.4　光子球の概念（光子球は外側の点線で示された円）
光子半径（ブラックホールの外側の実線の円）より外側を通過する光子でもブラックホールの重力による時空の歪みの効果でブラックホールに近づき、光子半径の内側に入り込むものがある。これらの光子は事象の地平線と交わり、消えていくので見えなくなる。

の重力（時空の歪みの効果）のため、ブラックホールに近づいていき、結果的に光子半径の内側に入ってしまうことがある。そこに入ってきた光子は、事象の地平線と交差し、やはり消えていく。そのため、実際には光子半径より外側の領域でも光子が消える場合がある。この領域を「光子球」とよんでいる。シュバルツシルト・ブラックホールの場合、この光子球の半径はシュバルツシルト半径の二・六倍になっている（図2・4）。

ただし、光子半径のところで説明したように、これは質量だけを持つシュバルツシルト・ブラックホールの場合である。自転しているカー・ブラックホールの場合は、自転の程度や光子の放射方向などの違いで、光子球のサイズは変わる。

ブラックホール・シャドウ

以上のことからおわかりのように、ブラックホールを電磁波で観測する場合、光子球の領域は見えない。しかし、周辺

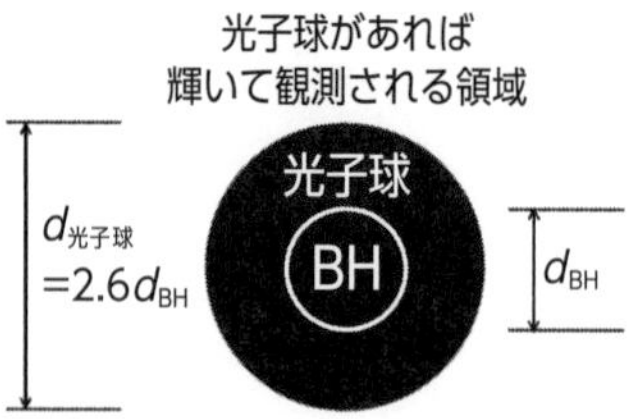

図2.5　ブラックホール・シャドウの概念
ブラックホールと光子球の関係。光子球の外側ならば光子は観測され、輝いて見える。しかし、光子球の内側は見えないので、外側の光子の輝きを背景光として、影として見える。これがブラックホール・シャドウである。ブラックホールの直径 d_{BH} はシュバルツシルト半径 r_S の2倍である。

の光子は見えているので、ブラックホールを含む光子球の姿を「影」として見ることができるのだ（図2・5、2・6）。

ブラックホール・シャドウの大きさを初めて評価したのはアイルランドの数学者・物理学者であるジョン・シン（1897–1995）である。彼は光子球のことを考慮し、ブラックホール半径の約二倍から三倍の領域（光子球）にある光子はブラックホールの重力から逃れられず、観測することができないことを示した。その後、角運動量を持ち、回転している「カー・ブラックホール」（付録1参照）の場合なども調べられるようになった。

ブラックホールを影で見る

いったい、ブラックホール・シャドウはどのように見えるのだろうか？　それを最初に可視化したのはフランスの物理学者ジャン＝ピエール・ルミネ（1951–）であり、一九七九年のことだった。ブラックホール周辺にあって輝いているガス

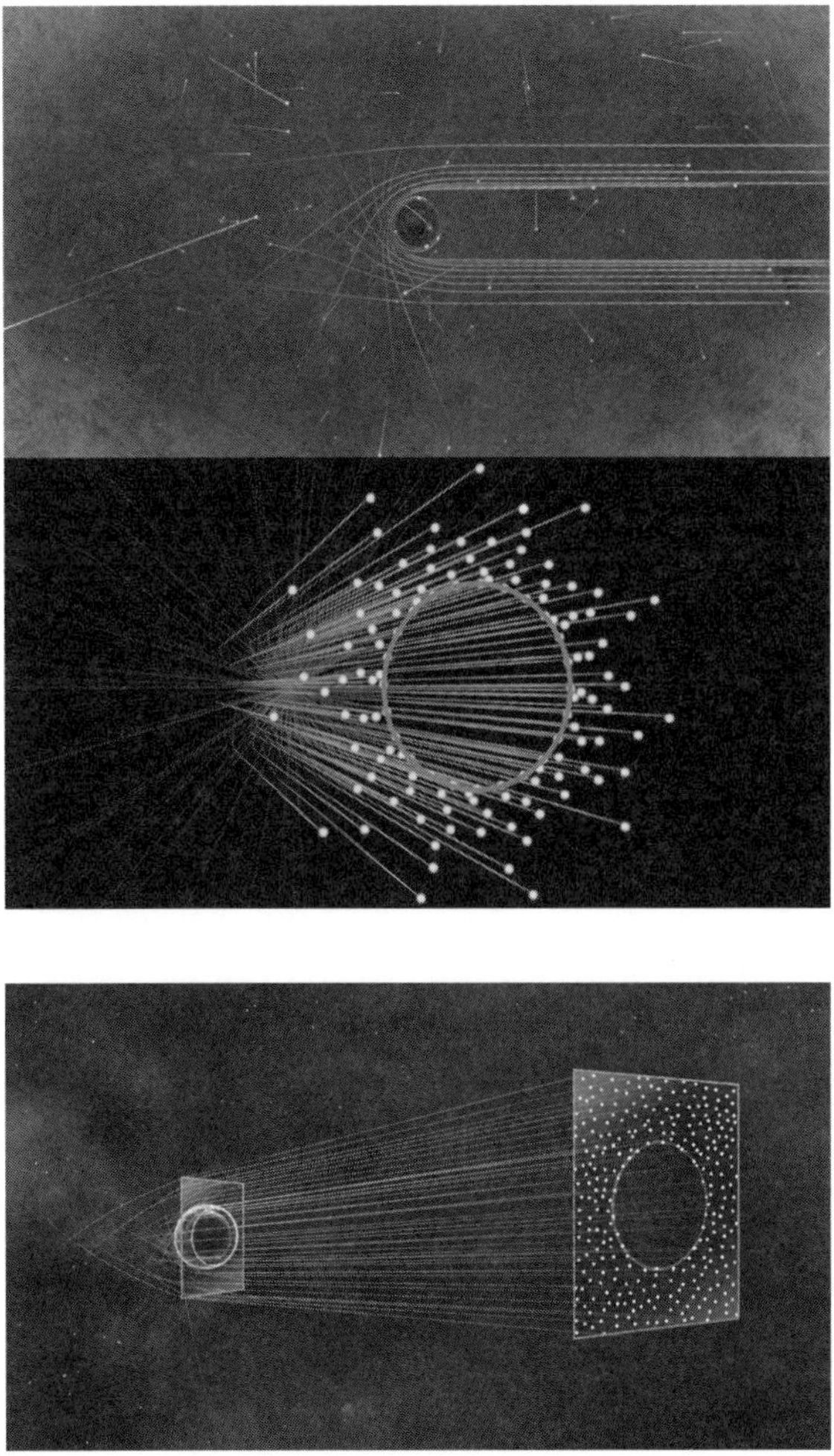

図2.6　ブラックホールの事象の地平線の外側にある光子球の領域で光が時空の歪みで曲げられて伝播される様子

（上）横から見た図、（下）正面に近い角度から見た図。　〔Nicolle R. Fuller/NSF〕

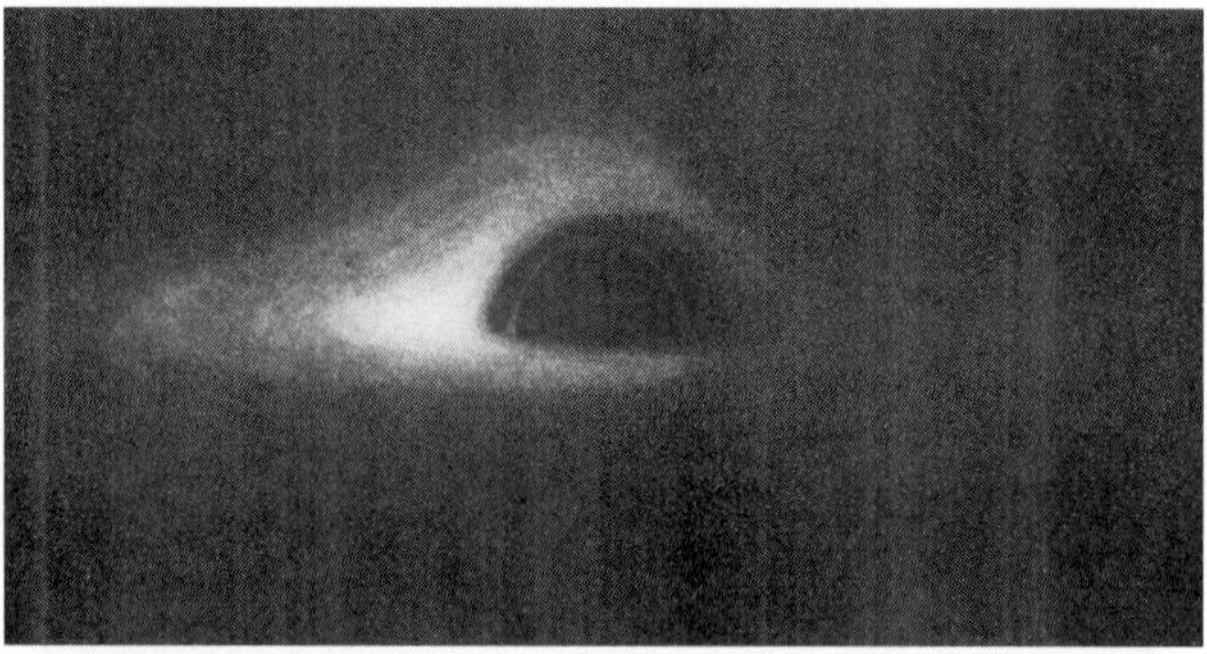

図2.7　世界初のブラックホール・シャドウのシミュレーションによる可視化画像
〔J. –P. Luminet(1979) AA, **75**, 228〕

円盤(降着円盤)がどのように見えるか調べたのである。

ブラックホールの引き起こす重力レンズ効果で円盤は歪み、ブラックホールの背後にあるガス円盤が重力レンズ効果で浮き上がり、明るく輝く様子がわかった。そして、シルエットとしてブラックホールが浮かび上がる。「ブラックホール＋降着円盤」という図式が正しければ、ブラックホールを「影」として見ることができるのだ(図2・7)。

その後、大阪教育大学の福江純らによってカラーでも可視化され、ブラックホール・シャドウの観測可能性が着目されるようになった(図2・8)。こうなると、研究に拍車がかかるものだ。ブラックホール・シャドウがどのように見えるか、いろいろなケースについて、研究が進められるようになった。

ブラックホール・シャドウは背景で輝く降着円盤のおかげで見ることができる。したがって、降着円盤の配置(見る角度)によってシャドウの形は変わる(図2・9)。

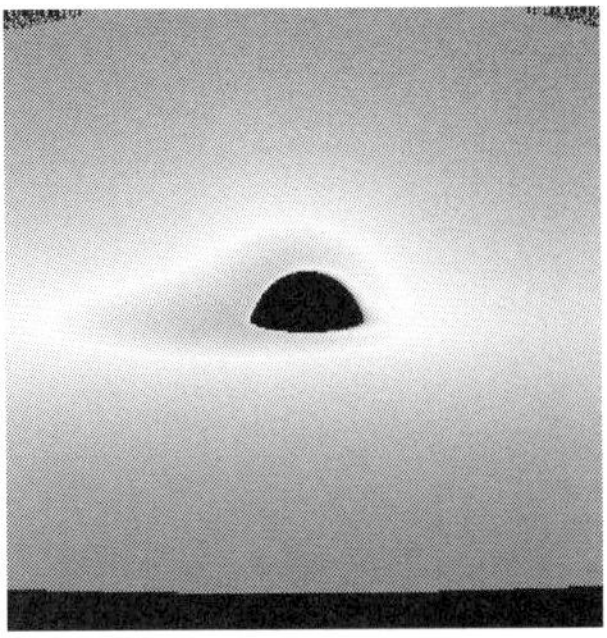

図2.8　降着ガス円盤の中に浮かび上がるブラックホール・シャドウ
〔福江純、イラスト：真貝理香〕

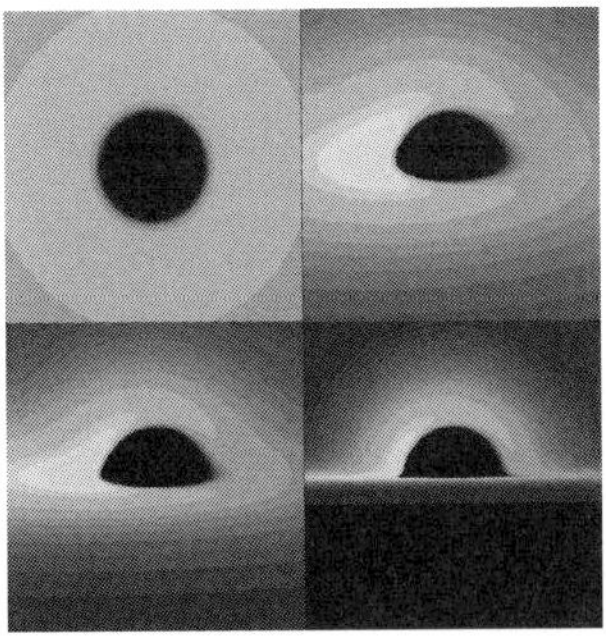

図2.9　降着円盤を見る角度によってブラックホール・シャドウの見え方が変わる
（左上）真上から見る場合、（右上）降着円盤の回転軸から30度ずれた方向から見る場合、（左下）降着円盤の回転軸から60度ずれた方向から見る場合、（右下）真横から見る場合。口絵参照。
〔福江純、イラスト：真貝理香〕

また、ブラックホール・シャドウの形は降着円盤の性質によっても変わる（図2・10）。ブラックホールの重力の影響はもちろんあるが、降着円盤が回転しているかどうかでもシャドウの見え方は変わってくる。

そして、ブラックホールが自転していると（カー・ブ

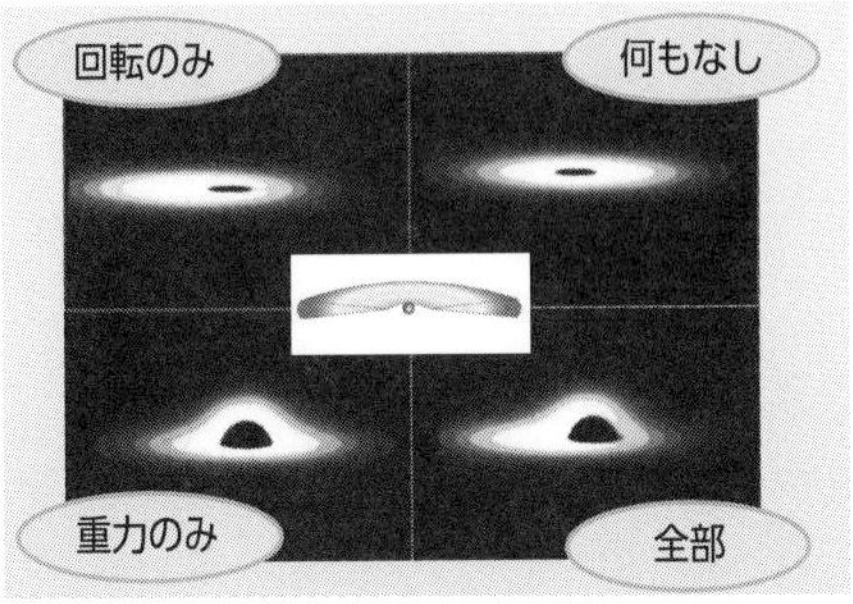

図2.10　ブラックホールの性質によってブラックホール・シャドウの形は変わる
（右上）ブラックホールがない場合、（左上）降着円盤が回転している場合、（左下）ブラックホールの重力だけがある場合、（右下）ブラックホールの重力があり、降着円盤が回転している場合。　〔福江純〕

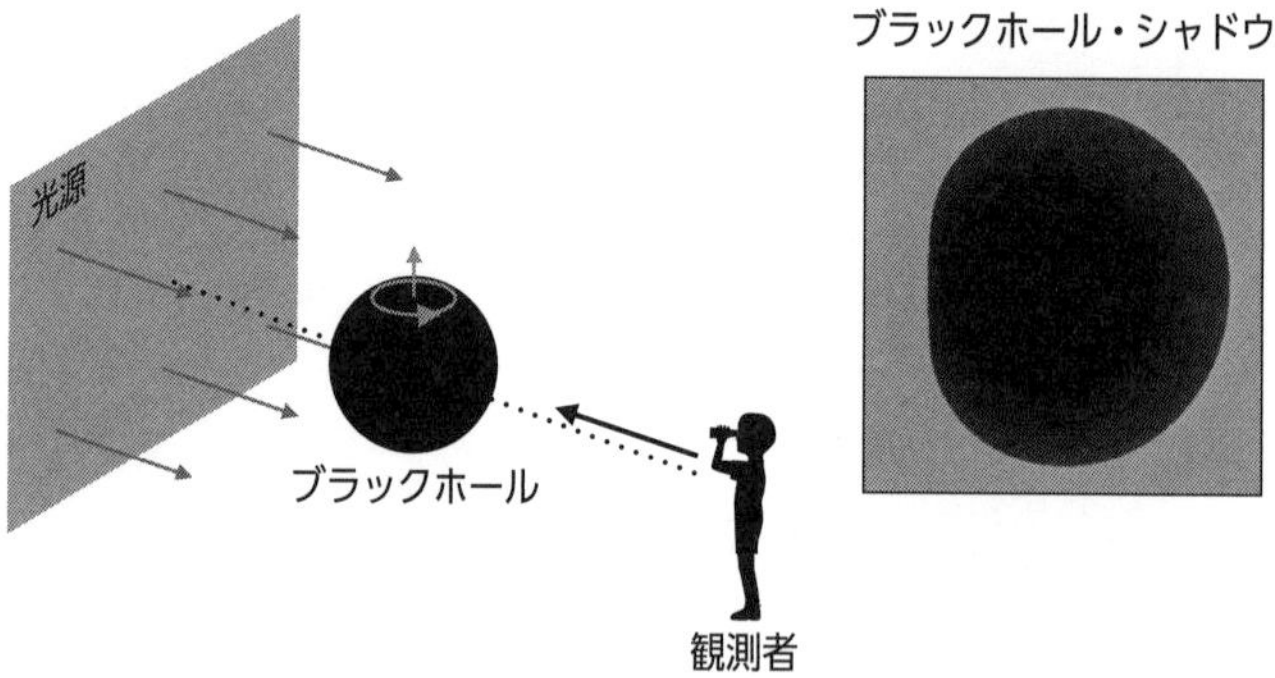

図2.11　カー・ブラックホールによるブラックホール・シャドウ
〔高橋労太〕

ラックホール：付録1参照)、シャドウの形が歪む(図2・11)。つまり、シャドウの形を精密に測定すると、ブラックホールの自転の様子も調べることができるのだ。銀河の中心に潜む超大質量ブラックホールの一般的な性質を調べるという意味で、きわめて重要な情報を与えてくれる。やはり、視力は大切なのだ。

こうして、理論的な先行研究で、ブラックホールをシルエットとして観測できる可能性が指摘されるようになった。そして、イベント・ホライズン望遠鏡がついにそれを成し遂げたということだ。一世紀の時を越えた物語である。研究は一朝一夕で完結するものではない。アイデアが出され、それが次世代の人に受け継がれる。それがうまくいくかどうかは誰も知らない。だが、今回のようにうまくいく場合もある。それがよくわかる一例ではないだろうか。では、このあと、イベント・ホライズン望遠鏡の観測成果を見ていくことにしよう。

第3章　電波銀河M87

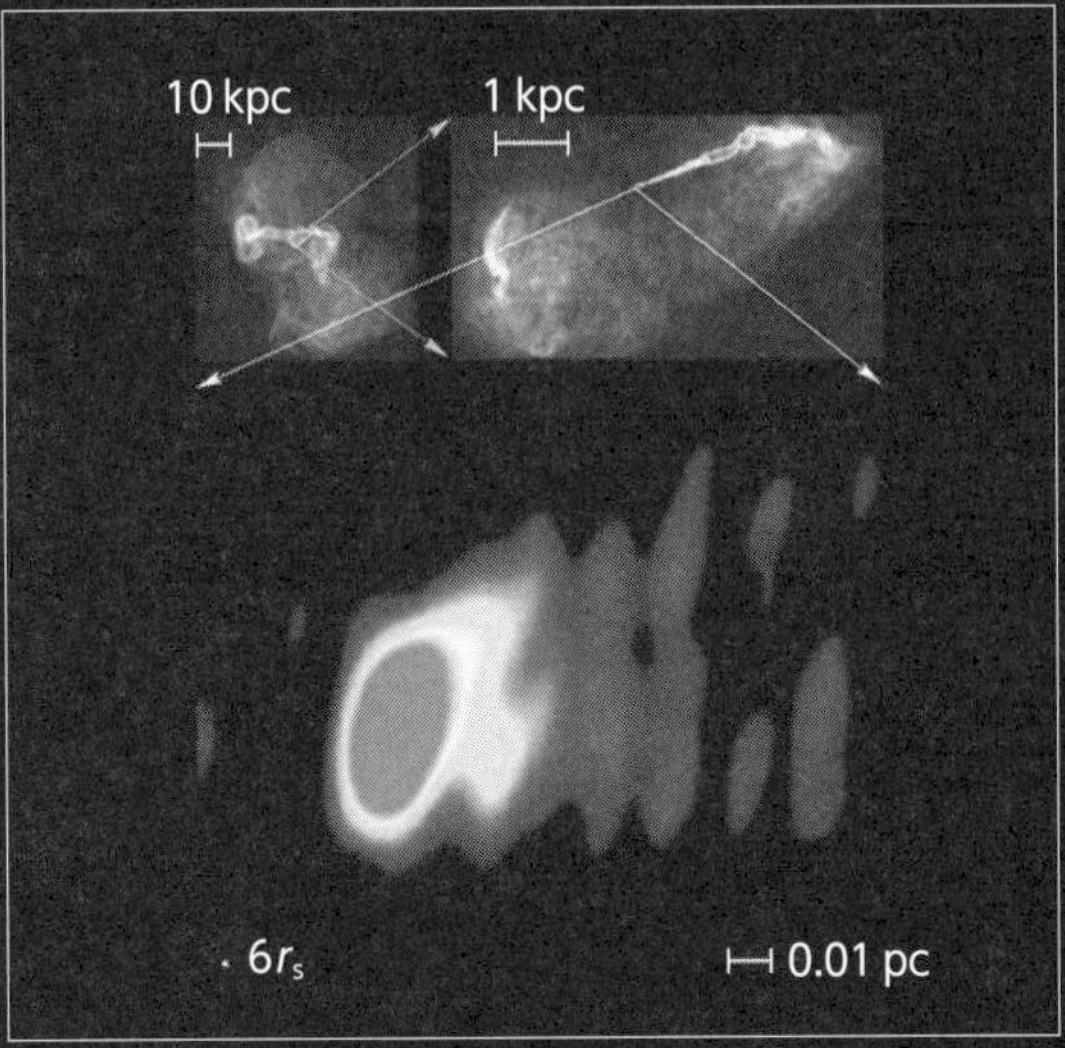

M87の電波ジェット
〔NRAO/AUI/NSF〕

影として浮かぶブラックホールを見てみたい。それがイベント・ホライズン望遠鏡プロジェクトの目標である。では、何を観測すればよいのか？　これは非常に大切な問題である。

何を観測すればよいのか？

イベント・ホライズン望遠鏡で見えるものもあれば、見えないものもある。望遠鏡には自ずと観測能力に限界がある。イベント・ホライズン望遠鏡は確かに非常に小さな構造を見ることができる電波望遠鏡である。その能力は、月面にあるゴルフボールを見ることができるほど、解像力が高い。しかし、月面にある場合、ゴルフボールより小さなものは分解して見ることはできないのである。

そこで、イベント・ホライズン望遠鏡チームは慎重にターゲットを選ぶことにした。地球から一番近いところにある超大質量ブラックホールは銀河系の中心にあるものである。質量は太陽の約四〇〇万倍。まずは、これがよいターゲットになる。しかし、質量としてはそれほど重いわけではない。第1章で紹介したように、ブラックホールのサイズは質量に比例して大きくなる。そのため、多少遠くにあっても、非常に重ければ観測可能な範囲に入ってくる。そうして選ばれた候補が楕円銀河M87の中心にある超大質量ブラックホールである。その質量は太陽の数十億倍。銀河系の中心にある超大質量ブラックホールの一〇〇〇倍以上も重い。かくして、M87はイベント・ホライズン望遠鏡の重要なターゲットとして採用されることになった。

おとめ座銀河団

M87はおとめ座銀河団の中にある巨大な楕円銀河である[*1]（図3・1）。地球からの距離は五五〇〇万光年なので、宇宙の果てである一三八億光年に比べれば、比較的近くにある銀河だ。

おとめ座銀河団は銀河系から最も近いところにある銀河団だ（図3・2）。銀河は決して孤立して宇宙に存在しているわけではない。銀河系もアンドロメダ銀河とともに、局所銀河群とよばれる銀河の群れの中にいる。この群れに属している銀河は数十個である。ところが、銀河団になると銀河の個数は数百個から数千個にもなる。実際、おとめ座銀河団には約二〇〇〇個の銀河がある。

銀河団は球のような領域に銀河が分布しているわけではない。おとめ座銀河団の場合も、私たちの方向から見ると五〇〇〇万光年から七〇〇〇万光年ぐらいの距離まで伸びた構造をしている。また、銀河が孤立していないことは、図3・2を見るとわかるだろう。銀河系から一億光年以内の銀河を調べると、じつに七割以上の銀河は銀河群か銀河団に属している。銀河はその中で合体を繰り返しなが

*1　M87は往年の人気テレビ番組の主人公「ウルトラマン」の故郷だったとされる銀河である。公式には、故郷はM78星雲ということになっているが、企画段階ではM87だったとされる。M78も実在する星雲である。銀河系の中にあるガス星雲で、オリオン座の方向に見える。ただ、それほど明るい星雲ではなく（距離は一三五〇光年で、直径はわずか一〇光年）、ウルトラマンの故郷としては超大質量ブラックホールを中心に持つM87のほうが似合っているように思う。

ら育ってきているのである。その際、銀河の中心にあった超大質量ブラックホール同士も合体して育っているらしい。なぜなら、超大質量ブラックホールの質量は銀河の質量[*2]に比例している傾向が知られているからである（図3・3）。つまり、銀河はその中心に超大質量ブラックホールを育みながら

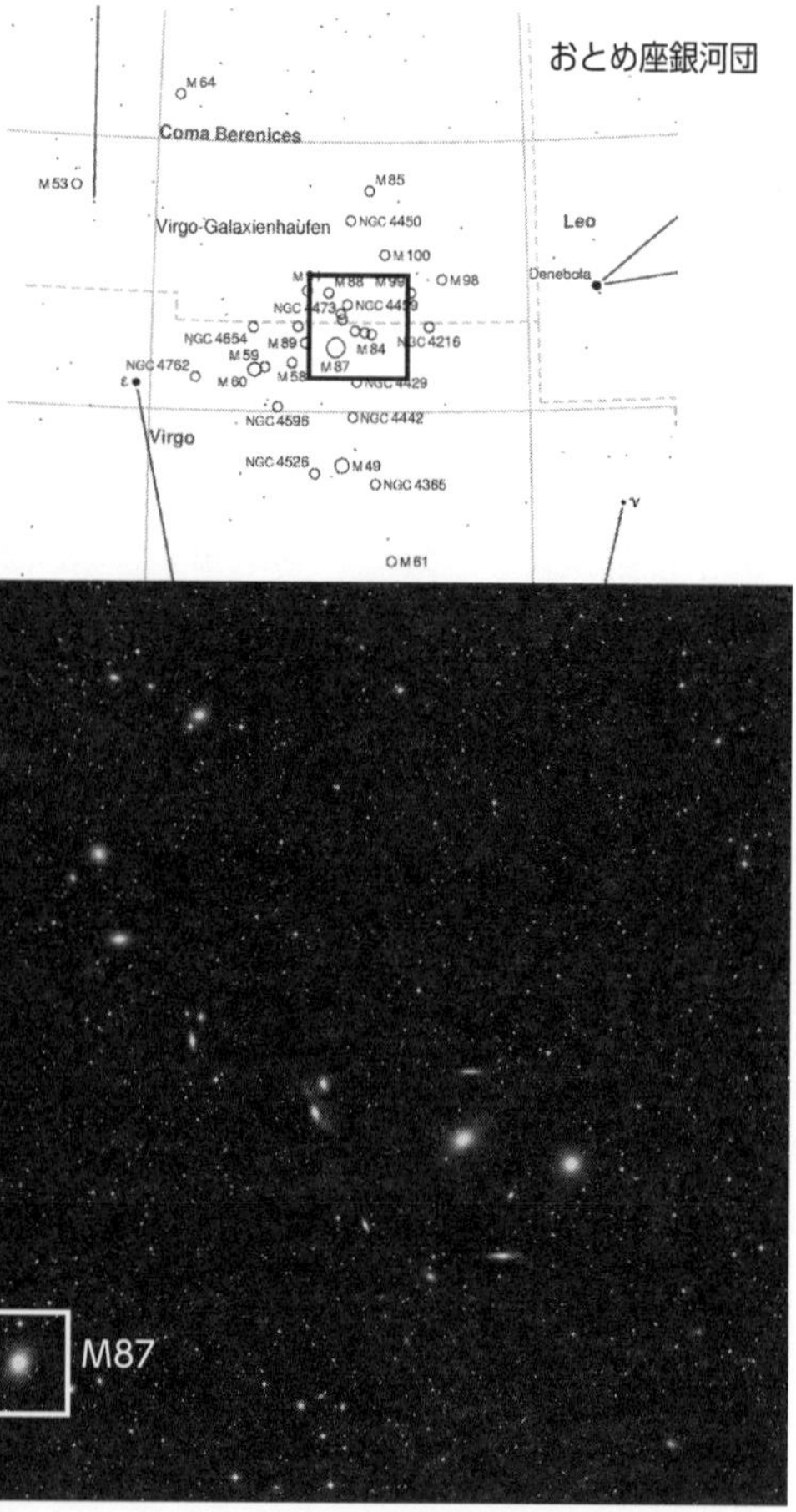

図3.1（上）おとめ座銀河団の中心領域における銀河の分布、（下）M87を含むおとめ座銀河団の可視光写真
2.4度四方で、実スケールでは約230万光年四方に相当する。
〔上：wikipedia、下：東京大学 木曽観測所〕

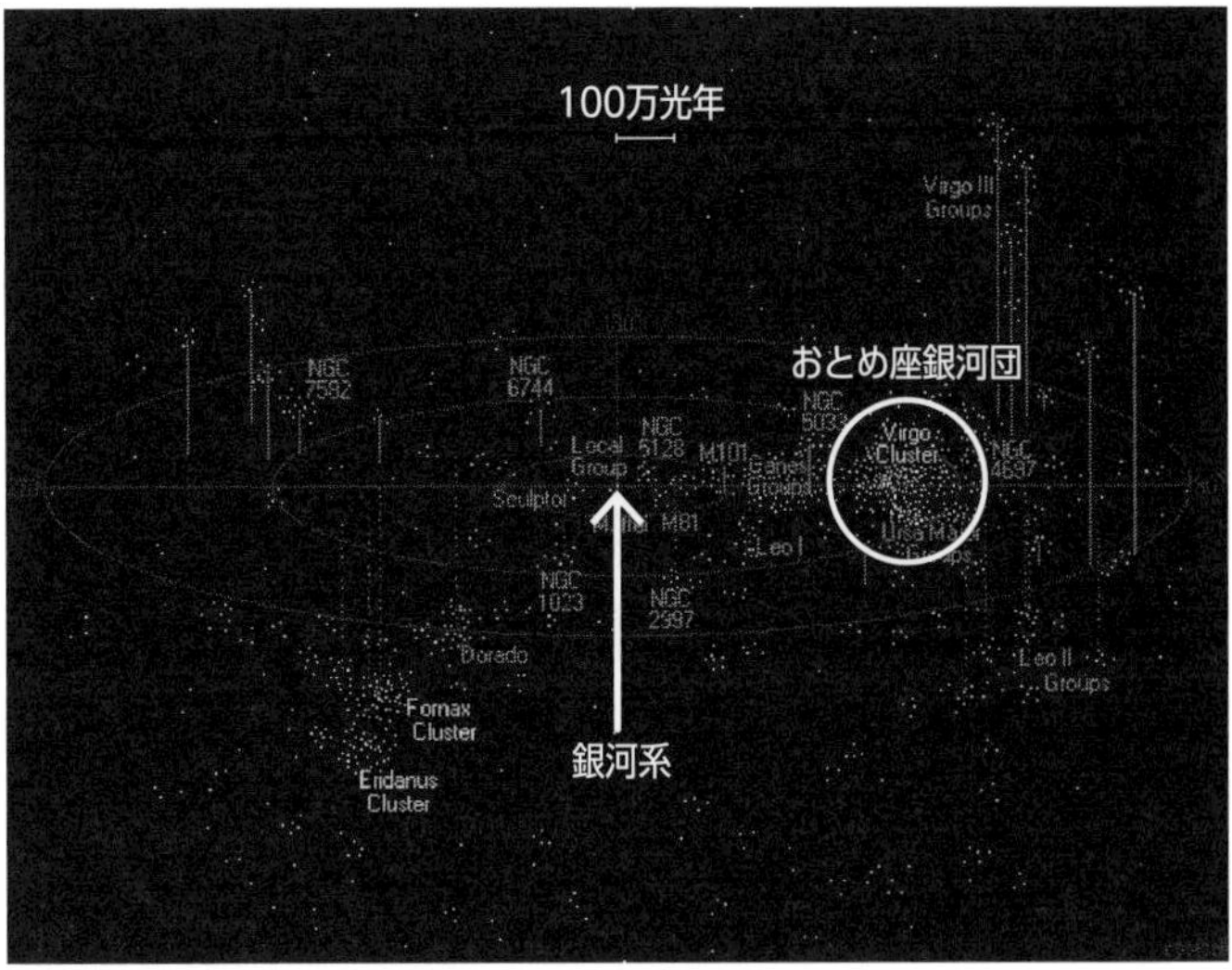

図3.2 銀河系の周辺に広がる銀河の群れ
銀河系はこの図の中心にある。おとめ座銀河団は図の右側にある銀河の一大集団である。おとめ座銀河団の周辺にある銀河は、私たちの住む銀河系も含めて、おとめ座銀河団の重力に引かれて落ち込んでいっている(おとめ座銀河団流とよばれる)。〔R. Powell〕

進化してきたのである。このことは「銀河と超大質量ブラックホールの共進化」とよばれている。なぜ、このような共進化が実現しているのか、いまのところわかっていない。ただ、観測事実としてはそうなっているということだ。この事実を受け入れれば、M87の中心に超大質量ブラックホールがあるのは、自然の成り行きになる。なぜなら、M87は巨大な楕円銀河だからだ。だが、共進

*2 円盤銀河(渦巻銀河)の場合は中央にある膨らんだ領域であるバルジとよばれる成分、楕円銀河の場合は楕円銀河本体の質量に比例している。

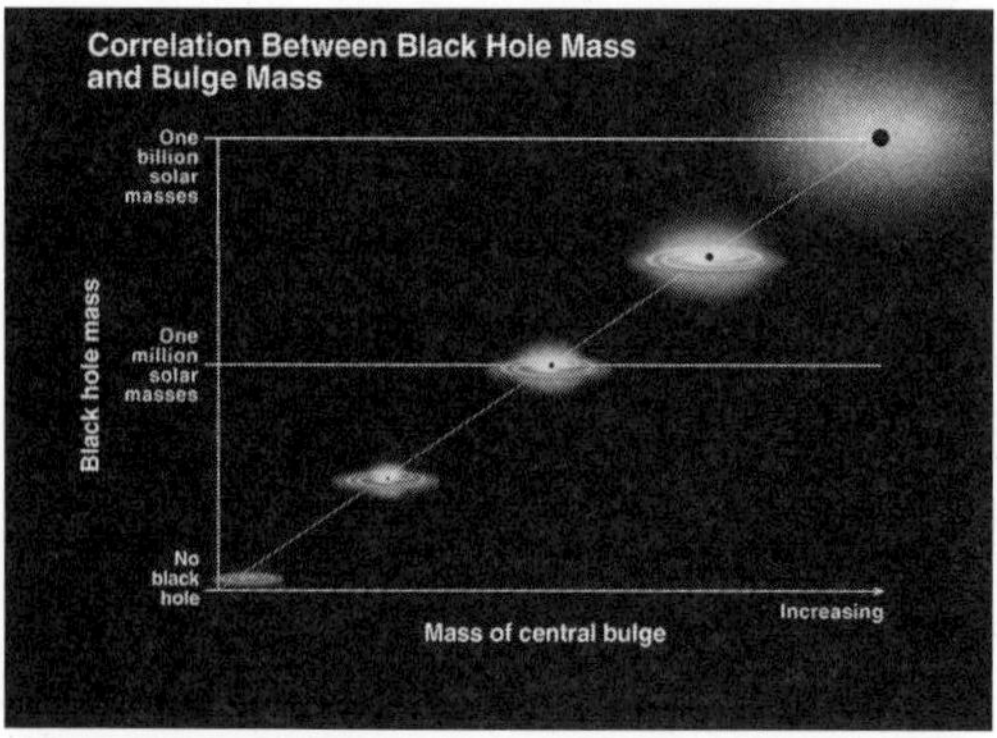

図3.3　銀河の中心にある超大質量ブラックホールの質量(縦軸)と銀河のバルジの質量(横軸)との相関
右上の楕円銀河の場合は楕円銀河本体の質量が相関する。〔K. Cordes & S. Brown (STScI)〕

化については、謎は残されたままである。

電波銀河M87の中心に潜むモンスター

さて、話をM87に戻そう。M87はおとめ座銀河団にある銀河の中で、最も重く巨大な銀河である(図3・4)。周辺にあった銀河を飲み込みながら育ってきたと考えられている。「銀河カニバリズム(共食い)」とよばれる現象だ。

M87の中心にはジェットのように見える構造があることは二〇世紀の初めから知られていた。図3・4の写真でもジェットは見えているが、ハッブル宇宙望遠鏡が撮影したジェットも見ておこう(図3・5)。

M87のジェットは米国の天文学者、ヒーバー・カーティス(1872-1942)によって一九一八年に発見された。カーティスは星雲の写真撮影観測を熱心に行った人だ。リック天文台の口径九一センチメートルのクロスリー望遠鏡で七六二個もの星雲を観測し、大論文を書いたほどだ。その中にM87も含まれていたのだ。慧眼のカーティスがM87の中心から伸びている線状のジェット構造を見逃すはずもない。もちろん、なぜそのような構造があるのかは、不明であった。

図3.4　イベント・ホライズン望遠鏡が観測した銀河M87の可視光写真

銀河の中心から右斜め上側に短い線状のジェットが出ているのが見える。このジェットは電波やX線でも見えている。〔ESO〕

図3.5 ハッブル宇宙望遠鏡が撮影したM87のジェット

〔NASA & the Hubble Heritage Team, STScI/AURA〕

当時はM87などの銀河は「星雲」という位置づけであり、銀河系とは独立した銀河であるとは思われていなかった。一九二五年、米国の天文学者エドウィン・ハッブル(1889-1953)がアンドロメダ星雲(M31)の距離を初めて測定することに成功し、銀河系とは独立した銀河であることを突き止めた。これでアンドロメダ星雲はアンドロメダ銀河となった。それ以来、従来星雲として分類されていたものの中には、多くの銀河があることがわかったのである。いまでは、M87は近傍の宇宙にある代表的な活動銀河中心核を有する銀河として有名である(図3・6)。

銀河の中には強烈な電波を放射するものがあり、一九五三年にその存在が発見されている。これらは電波銀河とよばれるが、M87もその仲間である。そのため、電波源としては「おとめ座A」

図3.6 M87の銀河中心核からジェットが出る様子(イラスト)
〔J. Davelaar *et al.*/Radboud University/BlackHoleCam〕

という名前もある。

　M87の中心には、ジェットなどの活動性から超大質量ブラックホールがあるだろうと思われていた。はたしてどのくらい重いものがあるのだろうか？　間接的な測定になるが、方法はある。銀河の中心領域のガスや星の回転運動を調べて、中心部にある天体、つまり超大質量ブラックホールの質量を力学的に計算することができる（図3・7）。一方、星の場合は速度分散もその指標となる。星々の運動速度のばらつき（速度分散）から、中心にある天体の質量に制限がつけられるのだ。

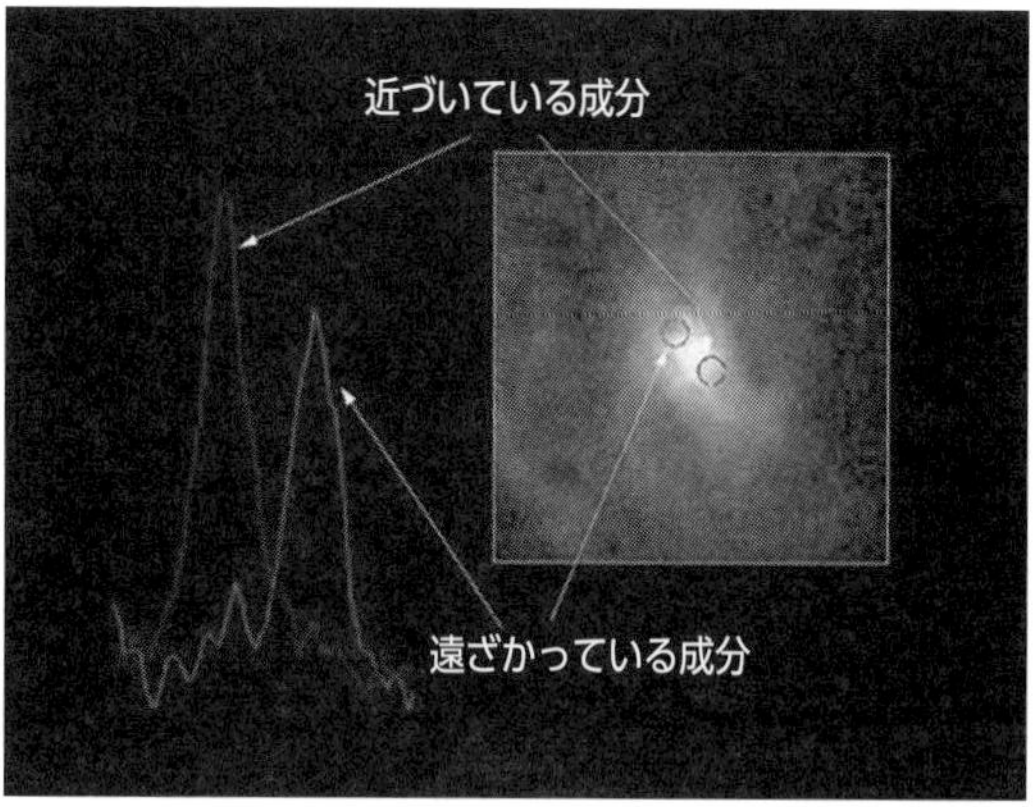

図3.7　ハッブル宇宙望遠鏡で調べたM87の中心領域の電離ガスの運動

遠ざかっている成分（右のピーク）と近づいてくる成分（左のピーク）が観測されている。観測された場所（中心からの距離）と測定された速度から、中心領域の質量を評価できる。〔H. Ford, STScI/JHU; R. Harms, Applied Research Corp.; Z. Tsvetanov, *et al*. JHU; R. Bohlin & G. Hartig, STScI; L. Dressel & A. K. Kochhar, Applied Research Corp.; B. Margon, UW; NASA〕

　しかし、M87の場合、少し問題があった。電離ガスの運動から計算した超大質量ブラックホールの質量は太陽質量の三六億倍になった。一方、星の速度分断から計算してみると、太陽質量の六一億倍になったのである。約二倍もの差がある。いったいどちらが正しいのだろうか？　他の独立した観測がなければ決着はつかない。そのため、この問題は保留になっていたのだ。

このように、M87の中心には太陽の数十億倍もの質量を持つ超大質量ブラックホールがあることは推定されていた。しかし、それでも直径は一〇〇〇億キロメートル程度でしかない。太陽から海王星までの距離は約四五億キロメートルである。つまり、超大質量ブラックホールとはいえ、太陽系の数十倍程度の領域に納まってしまうほどコンパクトなのである。

M87の超大質量ブラックホールを見ることは、月面にあるゴルフボールを見ることに相当する。よほど解像力の高い望遠鏡をつくらないことには見ることができない。しかし、解像力の高い望遠鏡が完成すれば、それで問題が解決するわけではない。電波干渉計のデータ解析は一般には難しいので、シャープな画像を得るにはさまざまな工夫が必要になるからだ。私たちが日頃使っているデジタルカメラの場合、撮影すれば撮影した領域がすべて写っている。富士山を撮影すれば、富士山の美しい姿が写る。ところが、電波干渉計で得られた画像では、ごく一部しか記録されていない。いたるところデータのない富士山の姿が得られるだけなのである。したがって、継ぎ接ぎだらけのデータから富士山の姿を再現する努力をしなければならないのだ。今回はスパースモデリングとよばれるデータ解析技術が使われ、その効果を発揮した（付録4参照）。

さて、今回活躍したイベント・ホライズン望遠鏡（図4・1）はまさに月面にあるゴルフボールを見ることができるほど、解像力が高い電波干渉計である。実際、イベント・ホライズン望遠鏡が実現した解像力（角分解能）は二〇マイクロ秒角にも達した。人間の視力に例えると三〇〇万。視力一・〇とか二・〇とか議論している私たちとは、次元の違う視力である。

第4章　イベント・ホライズン望遠鏡

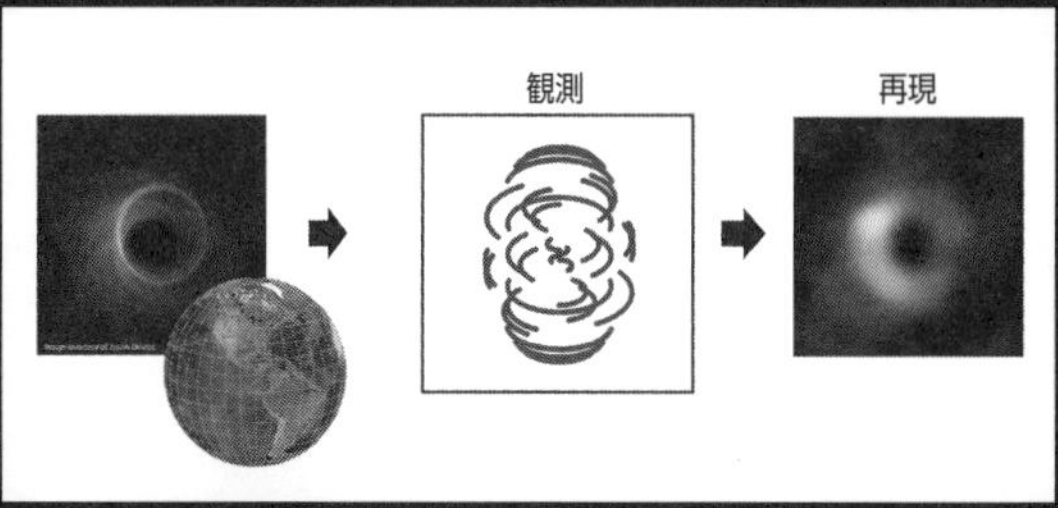

超大質量ブラックホールのある領域を観測し、ブラックホール・シャドウを見る
〔K. Bouman〕

イベント・ホライズン望遠鏡あらわる

ブラックホール本体は見えない。しかし、ブラックホール・シャドウとして観測することなら可能だ。問題は見かけのサイズがきわめて小さいことだ。そのためには、まず、とんでもなく高い解像力を持つ望遠鏡をつくる必要がある。そこで考え出されたのが「イベント・ホライズン望遠鏡（事象の地平線望遠鏡、Event Horizon Telescope：以下ではＥＨＴと略す）」とよばれる地球規模の電波干渉計システムである（図４・１）。このシステムは超長基線電波干渉計（Very Long Baseline Interferometer：ＶＬＢＩと略す）とよばれるものの一種である（付録3参照）。

今回の観測では、波長一・三ミリメートルのミリ波（周波数では二三〇ギガヘルツ）とよばれる電波帯の電磁波が利用された。Ｍ87の観測は二〇一七年の四月五日から一四日の間に行われた。観測は一日あたり、約八時間である。これは、地球の自転のためにＭ87の天球での位置が変化し、観測に都合のよい時間帯（高度が一定以上の角度より高い時間帯）があるためである。しかし、すべての観測時間をＭ87に費やすわけではない。位置の基準になる天体や電波強度の基準になる天体も観測する必要があるからだ。また、二〇一七年の観測ではＭ87以外に五個の銀河の中心を観測している（表6・1参照）。そのため、Ｍ87本体を観測しているのは、一日あたり四〇分から一時間ぐらいであった。

ＥＨＴの代表者は米国ハーバード・スミソニアン天文台のシェパード・ドールマン教授だが、このプロジェクトには一三か国から約二〇〇名の研究者が参加している。まさに国際的な巨大プロジェ

図4.1　観測に用いられた「事象の地平線望遠鏡」の電波望遠鏡が設置されている場所

北米、中米、南米、ヨーロッパ、そして南極と、まさに地球規模の電波干渉計になっていることがわかる。　〔NRAO/AUI/NSF〕

クトである。日本からは国立天文台の本間希樹教授らをはじめとして、二二名の研究者が参加している。

ちなみに、EHTのキックオフ・ミーティングは二〇〇九年の米国天文学会で行われ、二〇一二年に参加機関による合意書にサインがなされ、正式にスタートした。これだけのプロジェクトだから、合意までの手続きは大変だっただろう。私もハッブル宇宙望遠鏡のトレジャリー・プログラム（基幹プログラム）である「宇宙進化サーベイ」のメンバーとして国際プロジェクトを推進した経験がある。最初の立ち上げの頃は、一週間に一回ぐらいのペースで電話会議（テレコンとよばれる）をしていたことを思い出す。日本からの参加者は私だけだったので、電話会議の時間はいつも真夜中だった（米国西海岸で午前九時、ヨーロッパで夕方の時間に設定されていた）。

ＥＨＴが見たもの

ここで、ＥＨＴの成果を見てみよう（図４・２下）。今回の観測で見えたのは、ブラックホール本体ではない。先ほどもいったようにブラックホールそのものは、ブラックなので見ることはできない。背後で放射されている電波の輝きの中に浮かび上がる「影絵（シルエット）」として見るのだ。これを「ブ

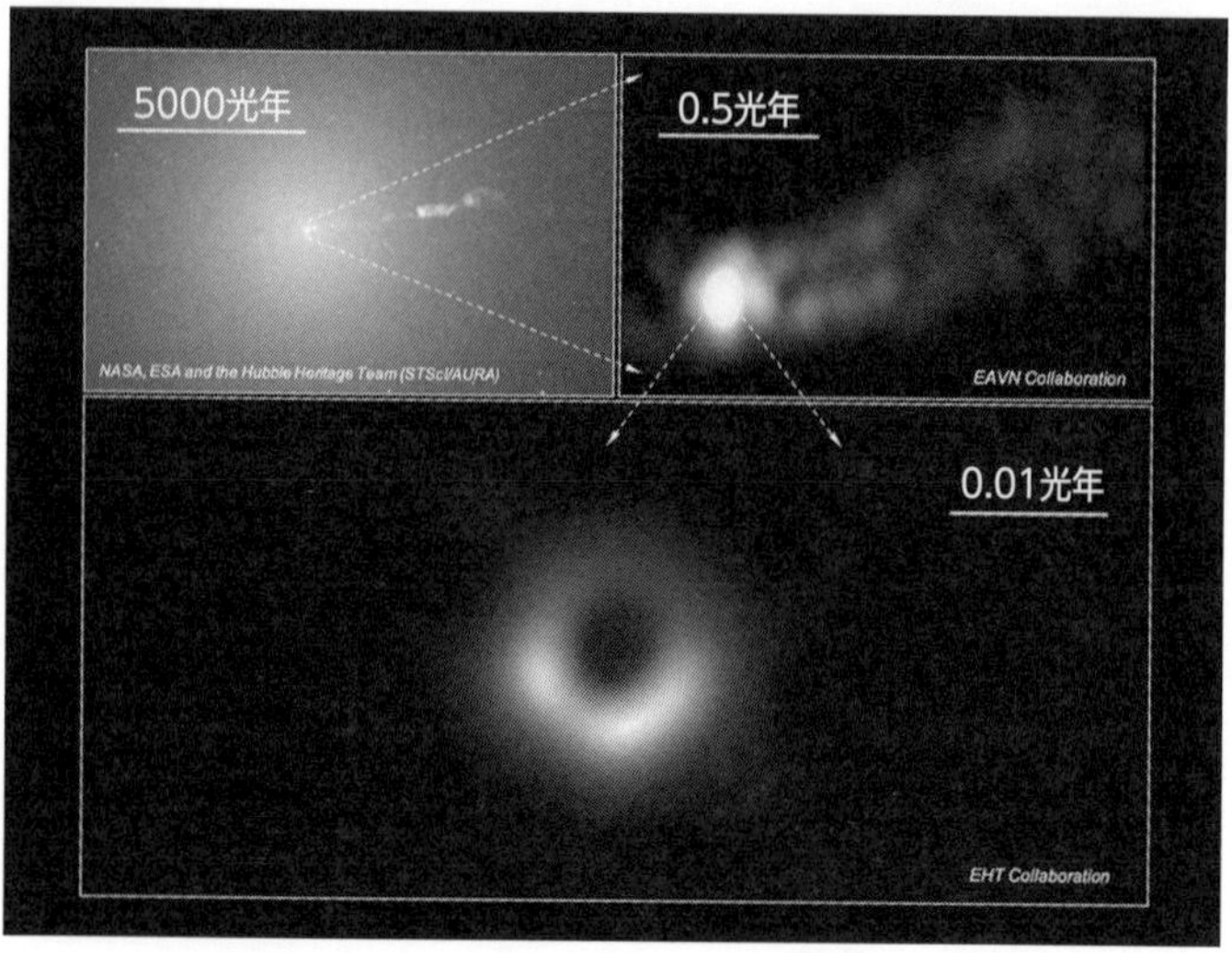

図4.2 EHTで捉えられたM87のブラックホール・シャドウ（下）
ここで見える黒い穴（ブラックホール・シャドウ）の見かけのサイズは42マイクロ秒角で、ブラックホール本体の2.6倍に相当している。（左上）M87の可視光の写真、（右上）M87の電波写真。右斜め方向に出ているのはジェット。〔NRAO/AUI/NSF〕

ラックホール・シャドウ」とよぶ。つまり、超大質量ブラックホールに落ち込んでいくガスが加熱され、光り輝く。その光を背景にして、ブラックホールがまさに「黒い影」のように見えてくるという仕掛けだ。

すでに述べたように、ブラックホールは事象の地平線に取り囲まれた、時空の穴である。この事象の地平線の外側には「光子球」とよばれる領域があり、そこに入ってきた光子はブラックホールの強い重力の影響で経路が大きく曲げられ、事象の地平線と交差するので消える。これがブラックホール・シャドウのエッセンスである(第2章参照)。

超大質量ブラックホールの質量を決める

今回のＥＨＴの観測でＭ87にある超大質量ブラックホールの質量は太陽の六五億倍であることもわかった。これはシャドウのサイズからブラックホールのサイズを見積もることができるためだ。ブラックホールはサイズと質量が一対一に対応しているので、サイズがわかれば質量が計算できるのだ。

太陽と同じ質量のブラックホールの直径は六キロメートルである。今回得られたＭ87にある超大質量ブラックホールの直径は約四〇〇億キロメートルなので、質量は太陽の六五億倍であることがわかったのである。超大質量ブラックホールの質量をサイズから直接測定したのは、これが初めてである。正直なところ、こんなことができるとは思ってもみなかった。

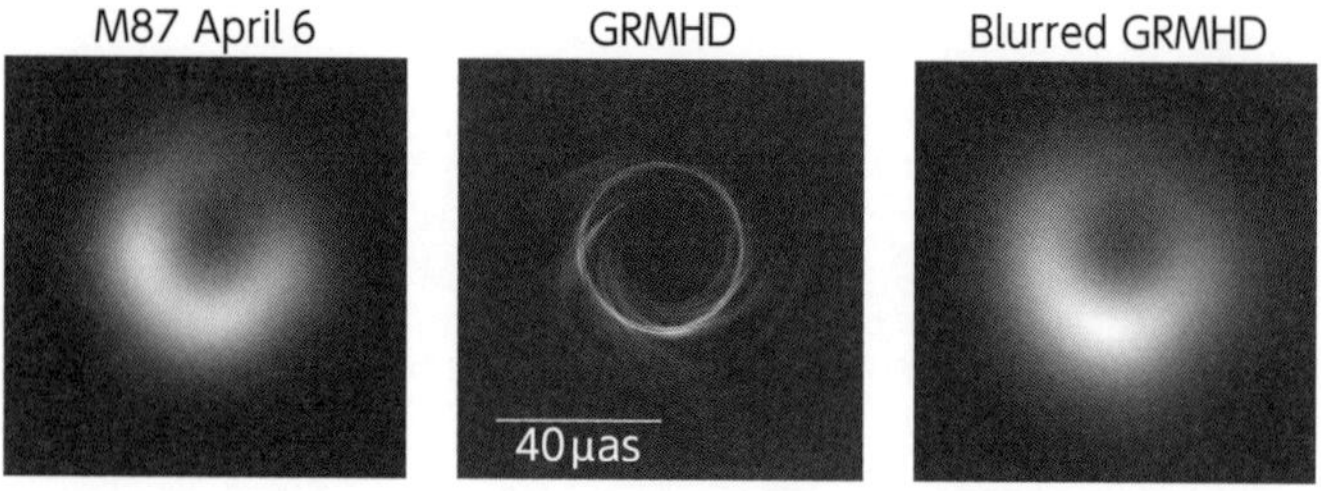

図4.3 (左)EHTによって2017年4月6日に得られたM87の画像、(中央)シミュレーション計算から得られたブラックホール・シャドウの画像、(右)シミュレーション計算から得られた画像を実際の観測画像と同じ条件でぼかした画像
〔EHT Collaboration〕

実際にどのような作業をすれば、質量を正確に求めることができるか説明しておこう。

図4・3を見ていただきたい。例として二〇一七年四月六日に得られたM87の画像を使うことにしよう(左)。このブラックホール・シャドウを再現するシミュレーションを行う(中央)。そして、シミュレーション画像を実際の観測の角分解能に合わせて(右)、観測された画像(左)と比較する。これがほぼ一致するまで、繰り返しシミュレーションを行う。この作業を続ければ、ほぼ一致したモデルが見つかる。そのモデルで採用された超大質量ブラックホールの質量が正しい値であるとするのである。

EHT観測の科学的意義

いままでブラックホールは存在すると考えられていたが、直接的な検証はできていなかった。EHTが見たブラックホール・シャドウは、まさにブラックホールが存在することを見たのと同義なのである。

これで銀河中心核の活動性の源泉は超大質量ブラックホールであることが確定した。ＥＨＴはブラックホールの研究に新たな地平を開いた。人類はまた一つ、宇宙に関する大きな問題を解決したことになる。まさにノーベル物理学賞級の研究成果といえる。

5章　残された謎

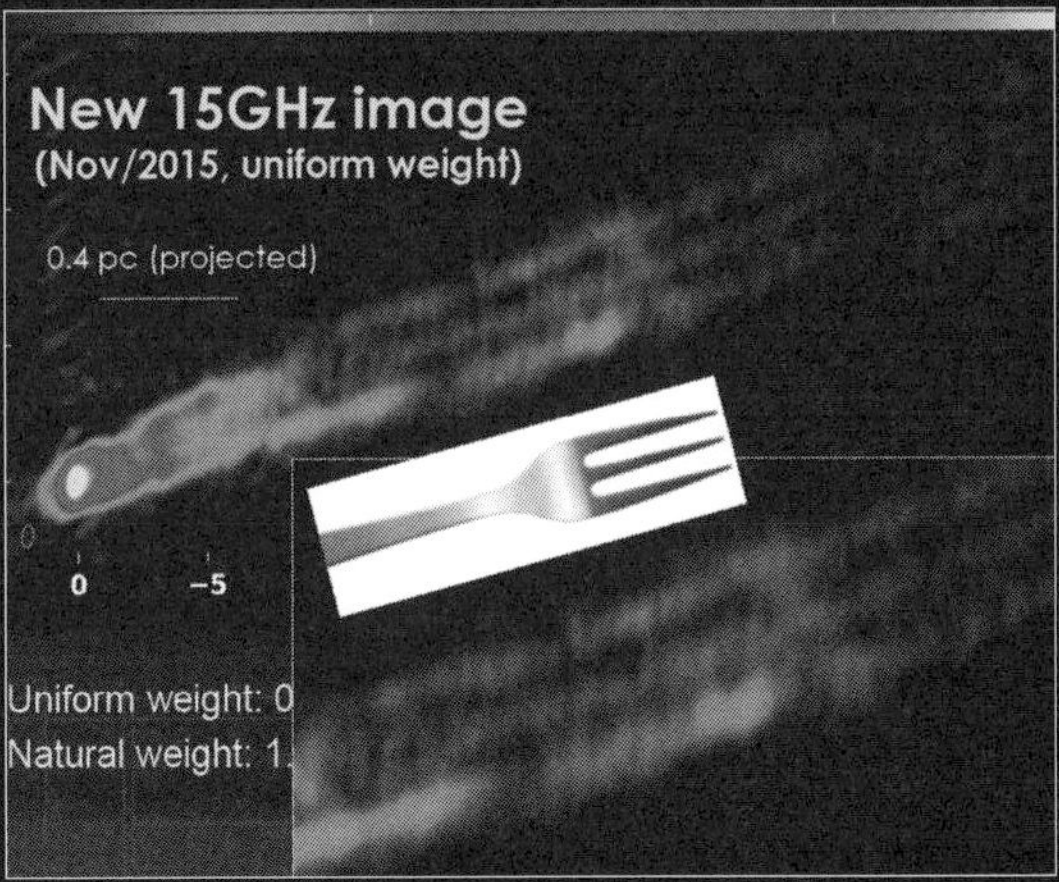

周波数15 GHz(ギガヘルツ)の電波で観測されたM87の電波ジェットの根元の部分
〔秦和弘(国立天文台)〕

なぜ電波ジェットは見えなかったのか?

M87の中心にはやはり超大質量ブラックホールがあった。ブラックホール・シャドウがそれを証明してくれた。質量は太陽の六五億倍。まさに超大質量だ。では、これで万々歳か? じつは、そうではない。一つの大きな謎が残されたからだ。

「なぜ電波ジェットは見えなかったのか?」

この謎だ。

M87には可視光でも見えるジェットがある(図3・4、3・5)。このジェットは電波でも見えていて、実際、M87は電波銀河としても名高い(図5・1)。可視光のジェットは銀河の中心部だけで見えていたが、電波で見るとジェットのサイズは二〇万光年にも及ぶ(図5・1左上)

M87のジェットはX線でも見えている(図5・2)。X線ジェットと電波ジェットの比較は図5・3に示した。可視光でも見えていたジェット(図3・4、3・5)に比べると、大規模で複雑な形状をしていることがわかる。ジェットの根元の部分を電波、可視光、X線で比較したものは図5・4に示した。

そして、M87の超大質量ブラックホールはジェットの根元である「コア」の部分に潜んでいるのだ(図5・4、5・5)。

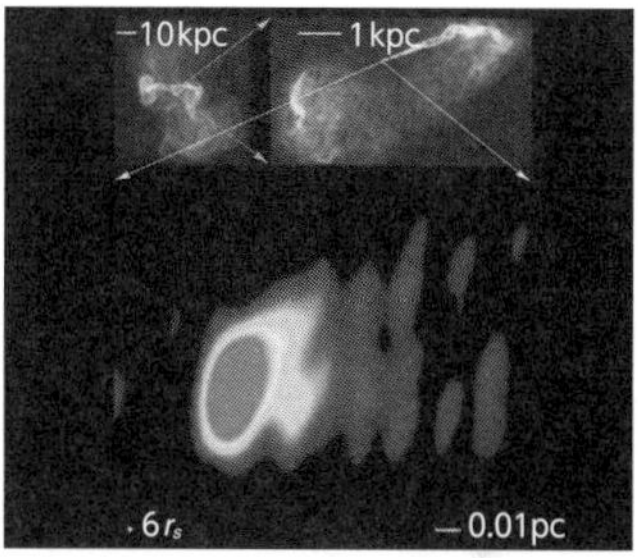

図5.1　M87の電波ジェット

上の二つのパネルは電波ジェットの全体像を示している。長さの単位 kpc(キロパーセク)は3260光年に相当する。一方、下のパネルでは銀河中心部のジェットの根元の部分を見ている。図の右下に示されているスケール0.01pc(パーセク)は約0.03光年。左下のスケールである6r_Sはブラックホールのシュバルツシルト半径(r_S)の6倍を意味しているが、ブラックホールの周りにある降着円盤の内直径に相当する。シュバルツシルト半径については図1.1を参照。〔NRAO/AUI/NSF〕

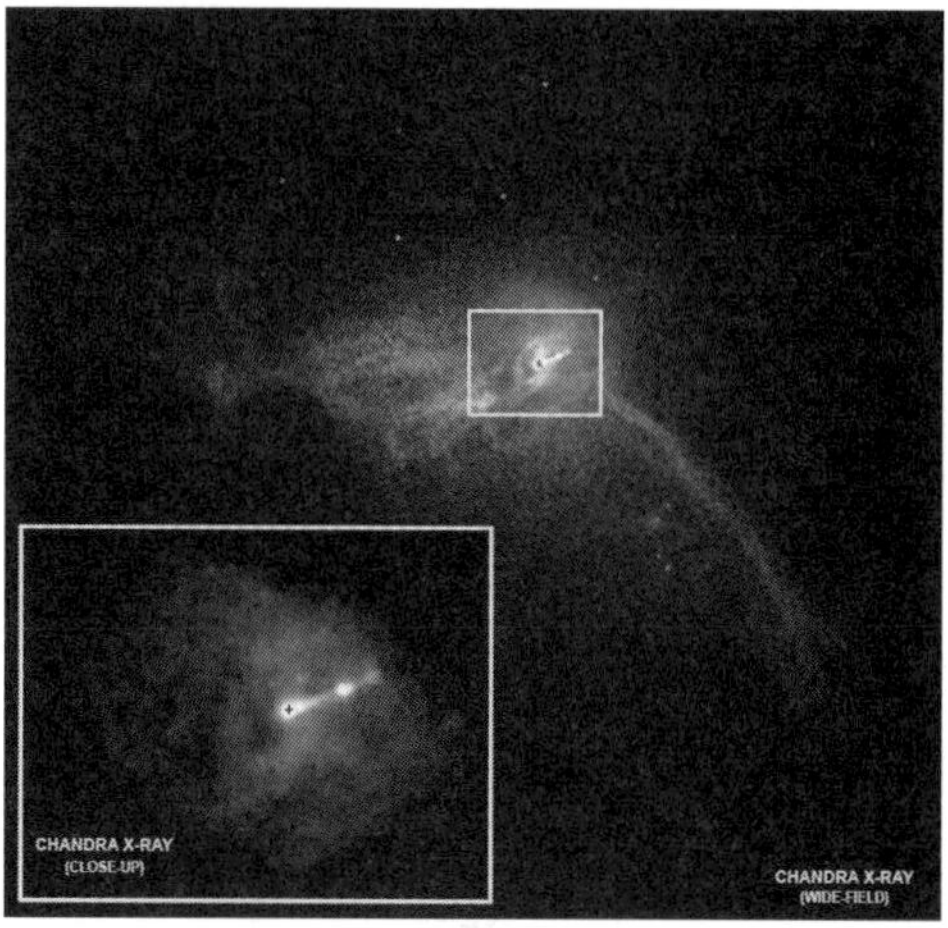

図5.2　M87のX線ジェット

左下のパネルは可視光でも見えているジェットの部分をクローズアップしたもの。観測された天域の広さは14.4分角四方。観測時間は146時間に及んだ。〔NASA/CXC/Villanova Univ./J. Neilsen〕

図5.3 M87のジェットの多波長画像

可視光、X線（図5.4を参照）、電波で示されている。観測された天域の広さは14.4分角四方。口絵参照。〔X線: NASA/CXC/CfA/W. Forman *et al.*; 電波: NRAO/AUI/NSF/W. Cotton; 可視光: NASA/ESA/Hubble Heritage Team (STScI/AURA), R. Gendler〕

電波ジェットの正体

ところで、ジェットはなぜさまざまな波長で観測されるのだろう。それを理解するには、まずジェットがなぜ光っているのか知る必要がある。

ジェットの放射メカニズムは「シンクロトロン放射」とよばれるものである。光速に近い速度で磁場の中を運動している電子（相対論的電子とよばれる）が電磁波を放射するものだ[*1]（図5・6）。これは運動する電子が磁場によるブレーキを受けて放射されるので、磁気制動放射ともよばれる。

シンクロトロン放射が顕著に放射される波長帯は電波である。では、なぜ電波よりエネルギーの高い可視光やX線でもシンクロトロン放射が観測されるのだろう。それ

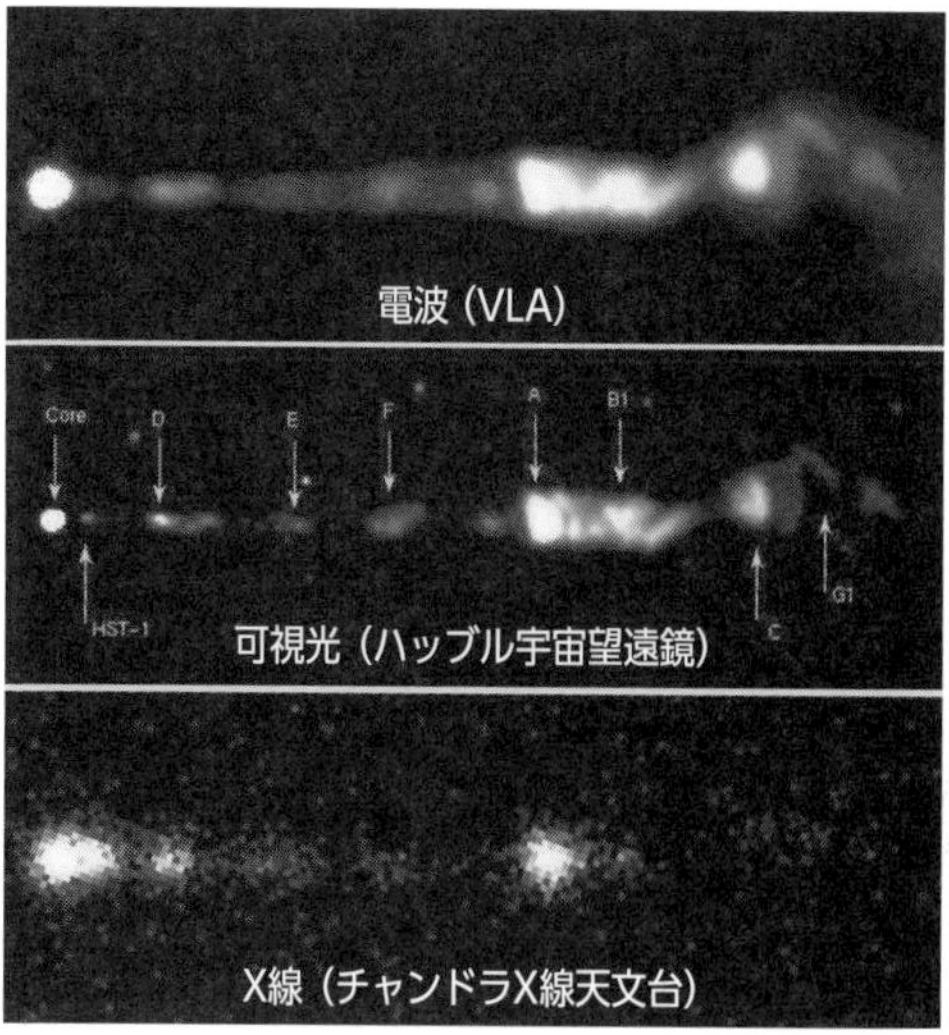

図5.4　M87のジェットのうち、可視光で見えている領域の多波長画像
(上)電波、(中央)可視光、(下)X線。それぞれ、米国国立電波天文台の大規模電波干渉計(Very Large Array、VLA)、ハッブル宇宙望遠鏡、チャンドラX線天文台で取得されたイメージ。中央のパネルの左にある「コア (core)」のところに超大質量ブラックホールがある(図5.9参照)。ここで示されているジェットのスケールは30秒角(約8000光年)。口絵参照。〔X線: NASA/CXC/MIT/H. Marshall *et al.*,電波: F. Zhou, F. Owen (NRAO), J. Biretta (STScI), 可視光: NASA/STScI/UMBC/E. Perlman *et al.*〕

＊1　光速に比べて十分遅い速度で運動している電子が放射する電磁波はサイクロトロン放射とよばれる。これは高校の物理で習う現象だ。

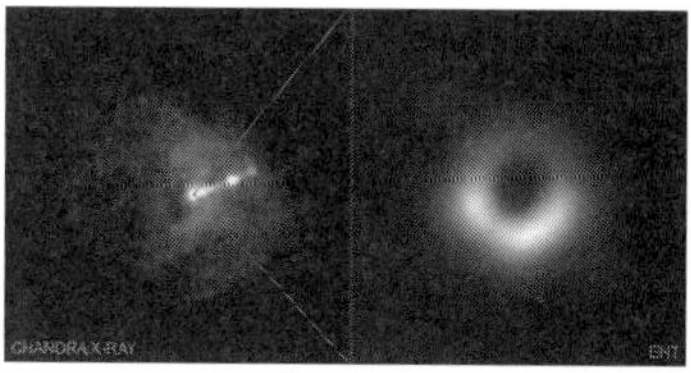

図5.5　M87のX線ジェットとEHTで観測されたブラックホール・シャドウの位置関係
〔X線: NASA/CXC/Villanova Univ./J. Neilsen, 電波: EHT Collaboration〕

は光子（電磁波）と電子が相互作用するためである。

光子が電子と相互作用すると、光子はエネルギーを失う（波長の長い光子になる）。これは光子の持っていたエネルギーの一部を電子に与えるためである。これを「コンプトン散乱」とよぶ（図5・7上）。電離ガス（プラズマ）の中では、この逆のプロセスも起こる。つまり光子が電子と相互作用して、光子が電子からエネルギーを得る場合がある。これを「逆コンプトン散乱」とよぶ（図5・7下）。光速に近い速度で磁場の中を運動している電子（相対論的電子）がたくさんあると、この逆コンプトン散乱が頻繁に起こる。そのため、低エネルギーの電波光子があると、どんどん高エネルギー化して、波長の短い光子（可視光、紫外線、X線、ガンマ線など）へと変化していく。これがシンクロトロン放射が電波から可視光、そしてX線で観測される理由である。

この現象はシンクロトロン放射が高エネルギー電子と相互作用して、自ら高エネルギーの光子に変わっていくので、シンクロトロン・セルフ・コンプトン現象とよばれている（Synchrotron Self Compton なので、頭文字を取ってSSCメカニズムと略称されている）。

不思議な電波ジェット

これでM87のジェットがさまざまな波長帯で観測されている理由が理解できただろう。ところが、なぜ超大質量ブラックホールがあるとジェットが形成されるのかは、まだわかっていない。磁場が重

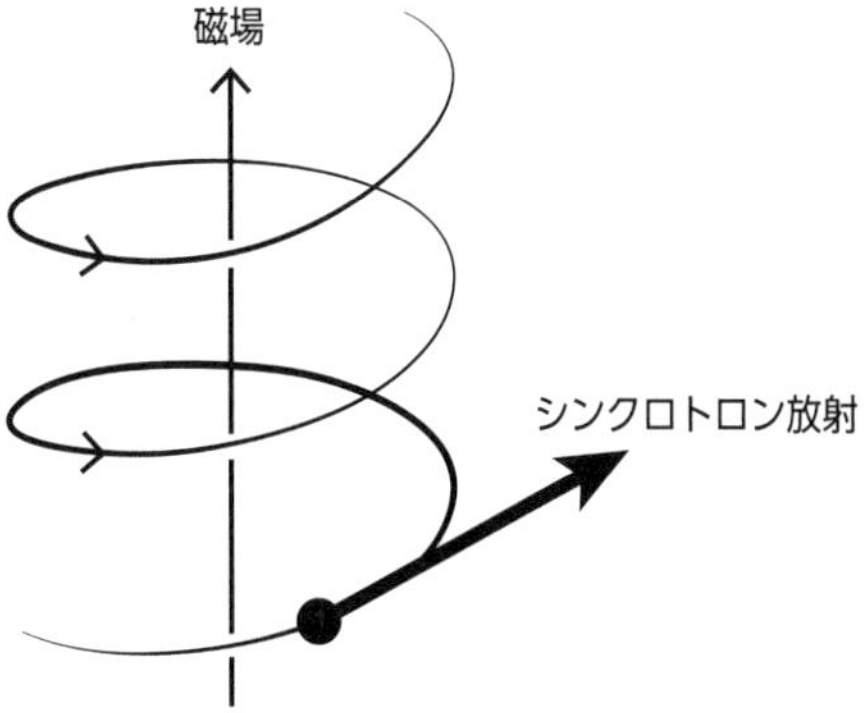

図5.6　シンクロトロン放射
磁力線の周りを光速に近い速度で運動する電子が放射する電磁波のこと。〔『銀河進化論』塩谷泰広、谷口義明 著（プレアデス出版、2009）をもとに作成〕

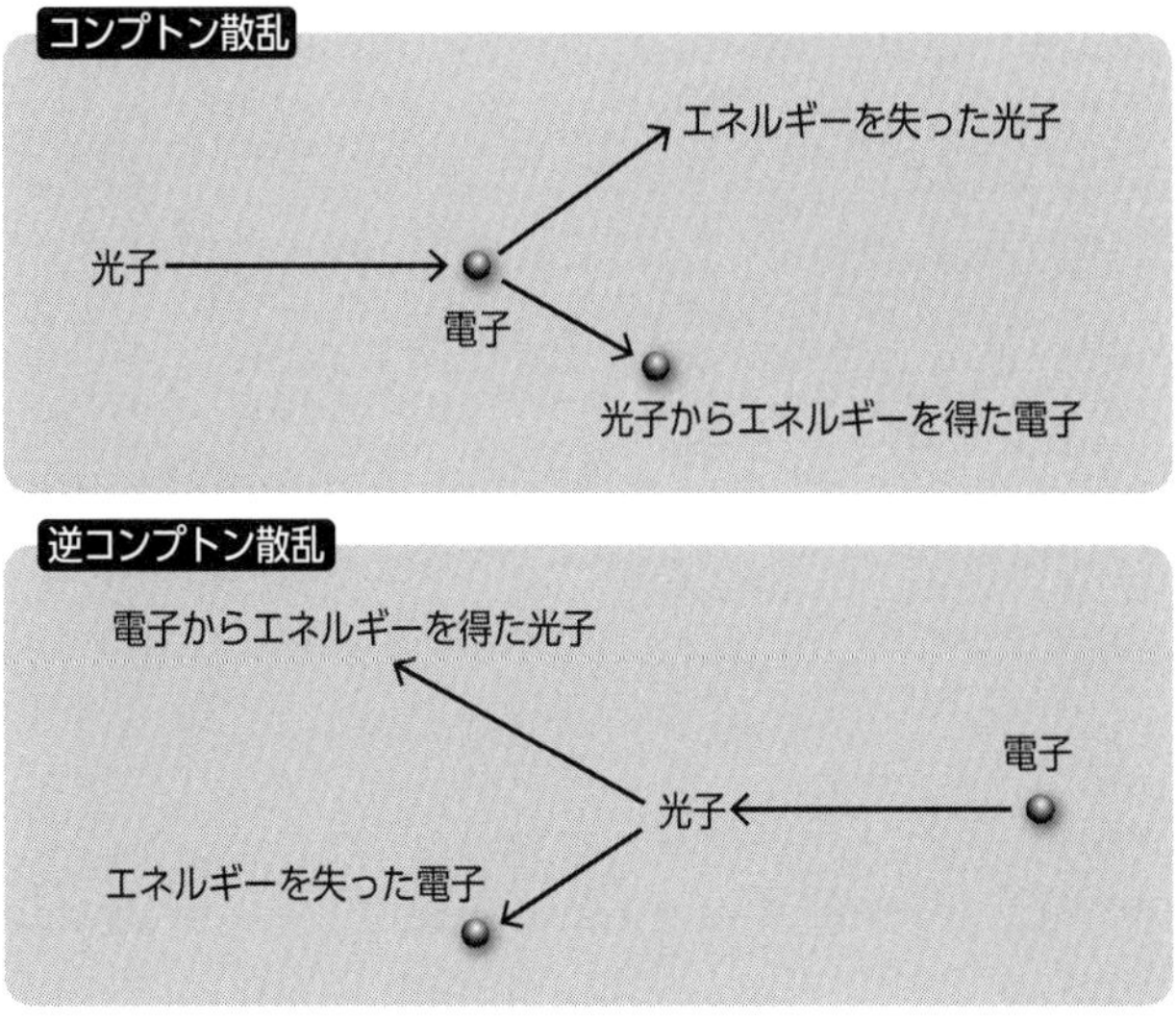

図5.7　コンプトン散乱（上）と逆コンプトン散乱（下）

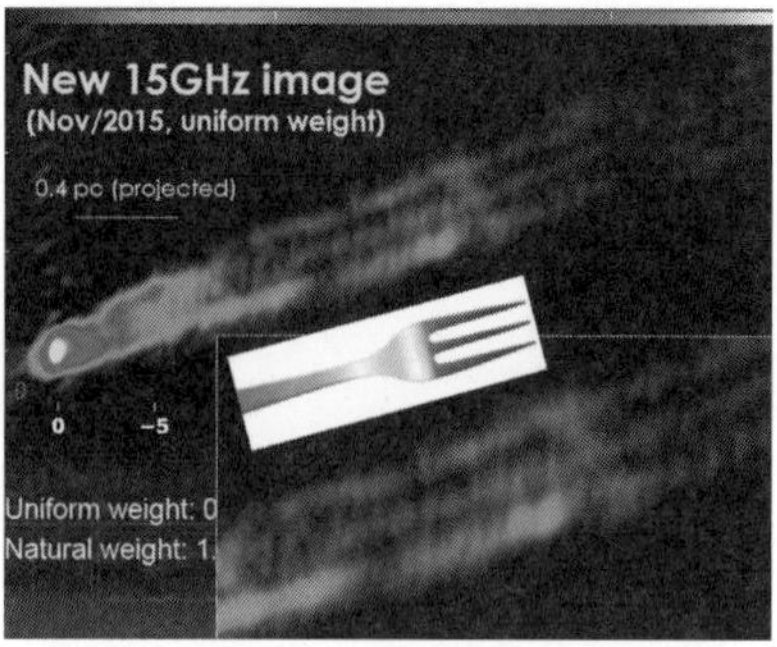

図5.8　周波数15 GHz（ギガヘルツ）の電波で観測されたM87の電波ジェットの根元の部分
〔秦和弘（国立天文台）〕

要な役割をしていることは想像されるが、そのメカニズムは不明なのだ。ジェット形成のメカニズムを知るには、ジェットが出始めている場所を突き止めることが重要であることは自明だ。図5・4や図5・5で見たように、ジェットはジェットのコアの部分、つまり超大質量ブラックホールのすぐそばで出始めていることが期待される。

ＥＨＴよりは規模は小さいが、ＶＬＢＩでM87のジェットが調べられている（図5・8）。図の左に見えるひときわ明るい部分がジェットのコアであり、ここに超大質量ブラックホールがあると考えられている。

この図から予想されるジェットのイメージは図5・9のようになる。ジェットは超大質量ブラックホールの周辺にある降着円盤から直に出ているようなイメージだ。

もしこのようなモデルが正しければ、今回のＥＨＴの観測で電波ジェットの生成場所が特定できたはずである。ところが、図4・2に示したように、見えたのはブラック

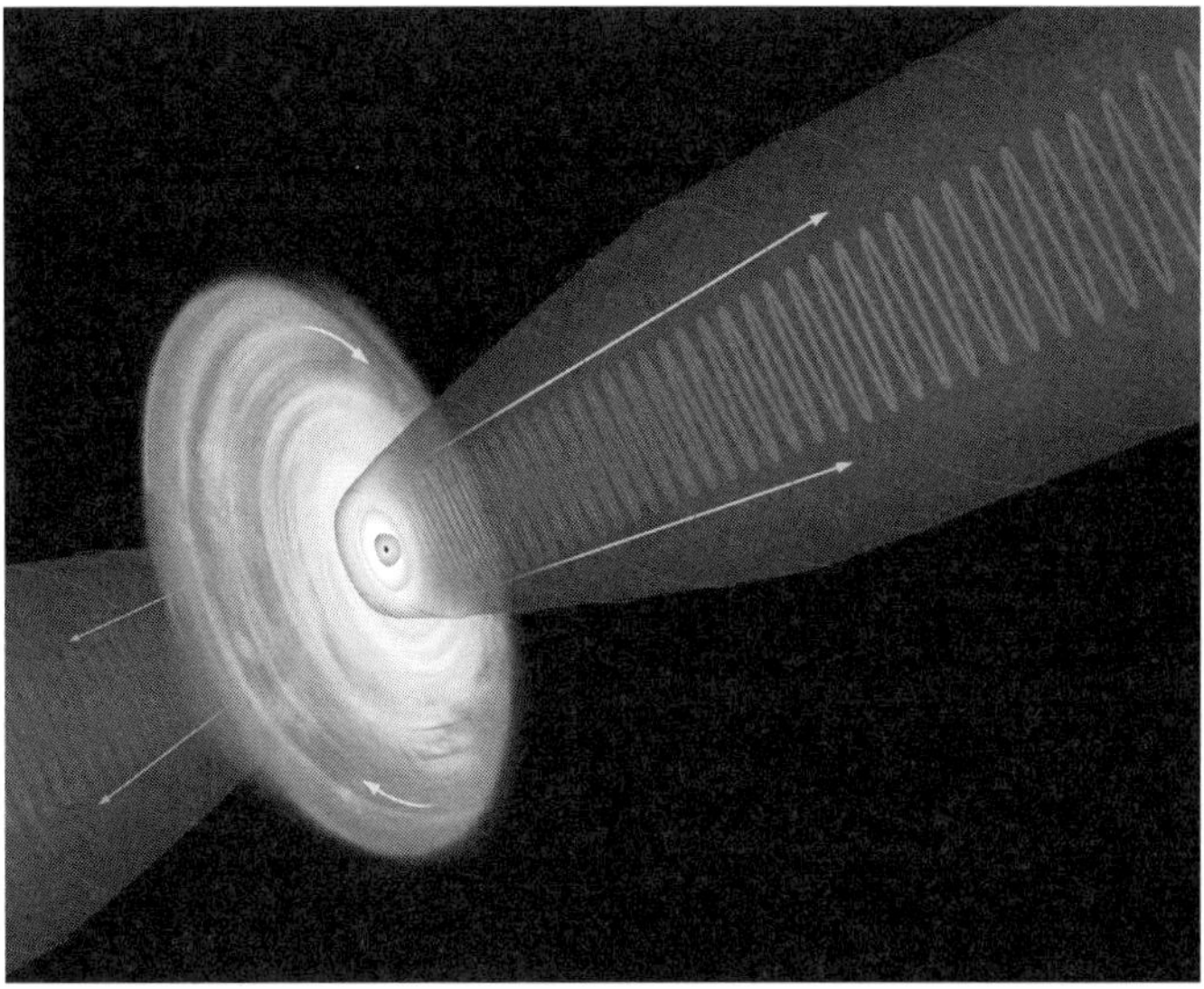

図5.9　超大質量ブラックホールのすぐそばから電波ジェットが形成されるイメージ
〔B. Saxton, NRAO/AUI/NSF〕

ホール・シャドウだけであり、ジェットはまったく見えていないのである。いったい、どういうわけだろう？

考えられる原因は次の二つだろう。

・電波ジェットは超大質量ブラックホールからやや離れた場所で生成されている。そのため、今回のＥＨＴが観測したエリアでは見えない。

・電波ジェットは今回のＥＨＴが観測したエリアで生成されているが、輝度が低いので、今回の観測では感度不足になっていて、検出できていない。

いずれにしても、今回のＥＨＴの観測ではジェットは検出されていないので、新たな観測が必要になるのは確かだ。

ペア・プラズマの謎

また、電波ジェットには他にも未解決の問題がある。先ほど、シンクロトロン放射の説明をしたところで、電波ジェットの成分は電離ガス、プラズマであるという話をした。宇宙に存在する元素のうち、九割は水素なので、電離ガスといえば、電子と陽子の組み合わせが標準である。ところが、電波ジェットの電離ガスはどうも性質が異なるようなのだ。成分は電子と陽電子の可能性が高いからである。電子はマイナスeクーロンの電荷を持っているが、陽電子はプラスeクーロンの電荷を持っている。つまり、陽電子は電子の反粒子なのである。粒子と反粒子が成分のプラズマは「ペア・プラズマ」とよばれている。ペア、つまり「対」という意味だ。

この名称の由来は「対生成」という現象にある。電子などの素粒子には反対の性質を持つ反粒子が存在する。電子と陽電子はお互いに反粒子の関係にある。元々はミクロの世界を記述する量子力学の方程式から予測されたものだが、実際に存在することが確かめられている。[*2]

電子と陽電子の静止エネルギーは、それぞれ五一一キロ電子ボルトである。したがって、それをあわせたエネルギーである一〇二二キロ電子ボルト以上のエネルギーを持つ電磁波(ガンマ線)があると、ガンマ線は対生成を起こし、電子と陽電子をつくることができる(図5・10)。

ブラックホールはアインシュタインの一般相対性理論から予測されたものだが、アインシュタインは一般相対性理論に先立ち、慣性系に適用できる特殊相対性理論を構築していた。この理論から導か

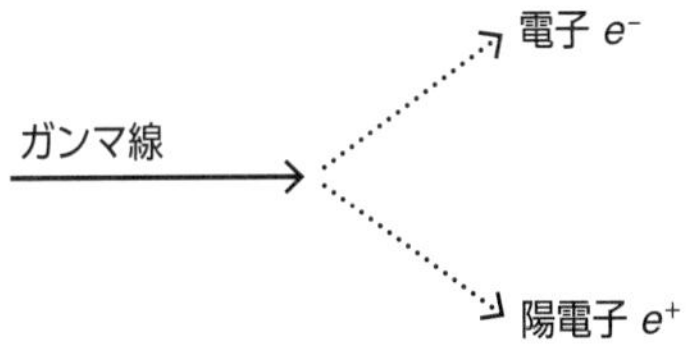

図5.10　ガンマ線が対生成を起こし、電子と陽電子になる

れる重要な概念として、「質量とエネルギーは等価である」というものがある。$E=mc^2$という有名な式で表されるものだ。ここでEはエネルギー、mは質量、cは光速である。つまり、エネルギーは電磁波の形態を取っていてもよいし、物質の質量という形態を取っていてもよいということである。

こうして、対生成には原理的な問題はないし、また実際に反粒子の存在も確認されている。しかし、電波ジェットの成分として、陽子-陽電子のペア・プラズマであるとすると、対生成を引き起こす高エネルギーの電磁波であるガンマ線が必要になる。このガンマ線を生み出すメカニズムが、じつはわかっていないのである。しかも、超大質量ブラックホールのすぐそばで生み出されなければ困る。このように電波ジェットの根源となる問題が積み残されている状態なのだ。

さらに問題がある。とりあえず、電波ジェットをペア・プラズマの流れであることを認めることにしよう。観測からわかっていることは、ジェットの

＊2　英国の物理学者ポール・ディラック（1902-84）が一九三〇年に自ら構築したディラック方程式の解として反粒子の存在を予言した。その後、米国の物理学者カール・アンダーソン（1905-91）が陽電子の存在を実験で確認した。

速度、つまりペア・プラズマの運動速度が光速に近いのである。このような相対論的な速度まで、どのようにしてペア・プラズマを加速しているのかわからないのである。もし、電波ジェットが超大質量ブラックホールのすぐそばから出ているのであれば、加速はごく狭い領域で行われている必要がある。それも大きな問題として残っている。

三本ジェットの謎

もっと、大きな問題がある。問題というより謎というほうがよいかもしれない。それはM87の電波ジェットの根元部分の構造である。図5・8で見たように、M87の電波ジェットはまるでフォークのように三本の独立した成分を持っている。なぜこのような構造になっているのかは、まったく不明である。また、この特徴はM87に固有なものなのかどうかもわかっていない。三本の独立した成分があるということは、ジェットを放出している領域が三か所あることを意味している。しかし、超大質量ブラックホールは一つである。その周りにある降着円盤も一つだ。では、なぜジェットが三か所から出るのだろうか？　ひょっとしたら、電波ジェットを出す銀河の本質を私たちはまったく理解していないのかもしれない。

以上見てきたように、M87のみならず、電波ジェットには謎が多い。EHTの新たな挑戦が、これらの問題を解決してくれることを期待したい。そう考えるのは私だけではないだろう。

第6章　これから先のこと

いて座A*のX線画像
〔NASA/JPL-Caltech〕

さらなるデータがある

EHTが見たもの

本書では二〇一九年四月一〇日にプレスリリースされたM87に関する研究成果に関連して説明してきた。しかし、EHTが二〇一七年に観測した天体はM87だけではない。表6・1に示すように合計六個の天体を観測している。

EHTは何を発見するのか

このうち、EHTのメイン・ターゲットに指定されているのは銀河系中心のいて座A*とM87の二天体である。今回はまずM87の成果が公表されたことになる。今後はもう一つのメイン・ターゲットであるいて座A*の成果公表となるだろう。そして残る四天体の成果公表が続くことが予想される。非常に楽しみだ。そこで、将来のプレスリリースに備えて、M87以外の五天体について、その性質を予習しておくことにしよう。

いて座A*

電波で輝く天の川の中心

いて座A*。これは私たちの住む銀河系の中心で見つかった電波源である。銀河系の中心に明るい

表6.1　2017年にEHTで観測された天体

	天体名	距離（光年）	BHの質量 （単位：$M_{太陽}$）	星座
1	銀河系中心[a]	26000	360万[d]	いて座
2	楕円銀河M87	5500万	65億	おとめ座
3	楕円銀河NGC 5128[b]	1300万	5700万	ケンタウルス座
4	クェーサー OJ 287[c]	35億	—	かに座
5	楕円銀河 NGC 1052	6300万	—	くじら座
6	クェーサー 3C 279	50億	—	おとめ座

a：いて座A*（Aスター）という名称がある。
b：ケンタウルスAという名称の電波銀河。
c：２個の超大質量ブラックホールが連星になっていると考えられている活動銀河中心核。
d：太陽質量の410万倍から430万倍である可能性のほうが高いとされているが、EHTのオフィシャルサイトの情報では360万倍になっている。
〔EHT collaboration〕

電波源があることがわかったのは、じつはかなり昔のことだ。なんと、一九三一年に発見され、一九三三年に論文として公表された。発見者は米国の電波技師であったカール・ジャンスキー（1905－50）だ。彼はベル研究所で電波受信機の性能を調べるためにさまざまなノイズを調べていた。すると、二三時間五六分の周期で変動する成分があることに気がついた。地球は太陽の周りを公転運動しているので、ある星座が上ってくる時刻は一日あたり、四分ずつ早くなる。つまり、二三時間五六分の周期で変動するということは空電現象でもなく、地上からやってくる電波ノイズでもなく、天からやってくるということだ。天球での位置を調べると、いて座の方向であることがわかった。ジャンスキーは天文学者ではなかったので、その方向に銀河系の中心があることは知らなかった。しかし、彼の注意深い観測によって、電波天文学が産声を上げることになったのである。

見えにくい天の川の中心

銀河系の中心方向は銀河面を通して眺めることになる。そのため、銀河中心にある星々の光は銀河面内にあるガス雲に含まれるダスト（塵粒子）によって散乱されたり吸収されたりするので、可視光では見えにくい。

そこで、ダストの影響が少なくなる近赤外線で銀河の中心方向を眺めてみよう（図6・1）。確かに明るい光芒は見えるが、やはり暗黒星雲がかなりあることに気がつくだろう。

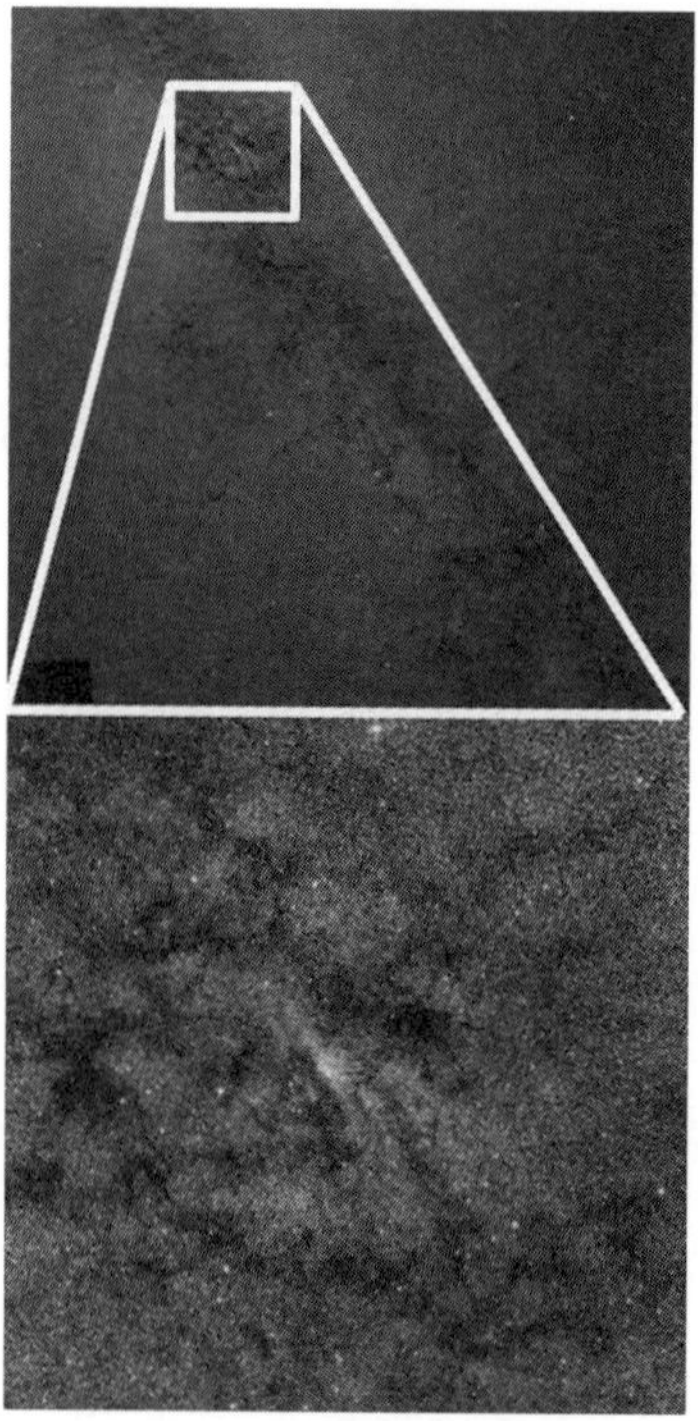

図6.1　2ミクロン全天サーベイ（2MASS）による、近赤外線で見た銀河の中心方向

上の図は8度四方の天域〔2MASS/G. Kopan & R. Hurt〕

いて座A*

今度は電波で眺めてみる（図6・2）。すると状況は一変する。ただ単に点源のような電波源があるわけではない。まるで刷毛で掃いたようなアーク構造があると思えば、超新星爆発の

残骸や電離ガス領域（図中のHII領域のこと）も見える。一番明るい場所は「いて座A」とよばれる電波源で、その中にある最も明るい電波源が「いて座A*（Sgr A*：サジエースターと発音される）」[*1]が天の川銀河の御本尊、銀河中心核である。

いて座A*はX線でも明るく輝いている（図6・3）。しかも、「フレア」とよばれる突発的な増光現象が観測されることもある。いかにも活動的な場所だ。ちなみに、太陽表面でも突発的

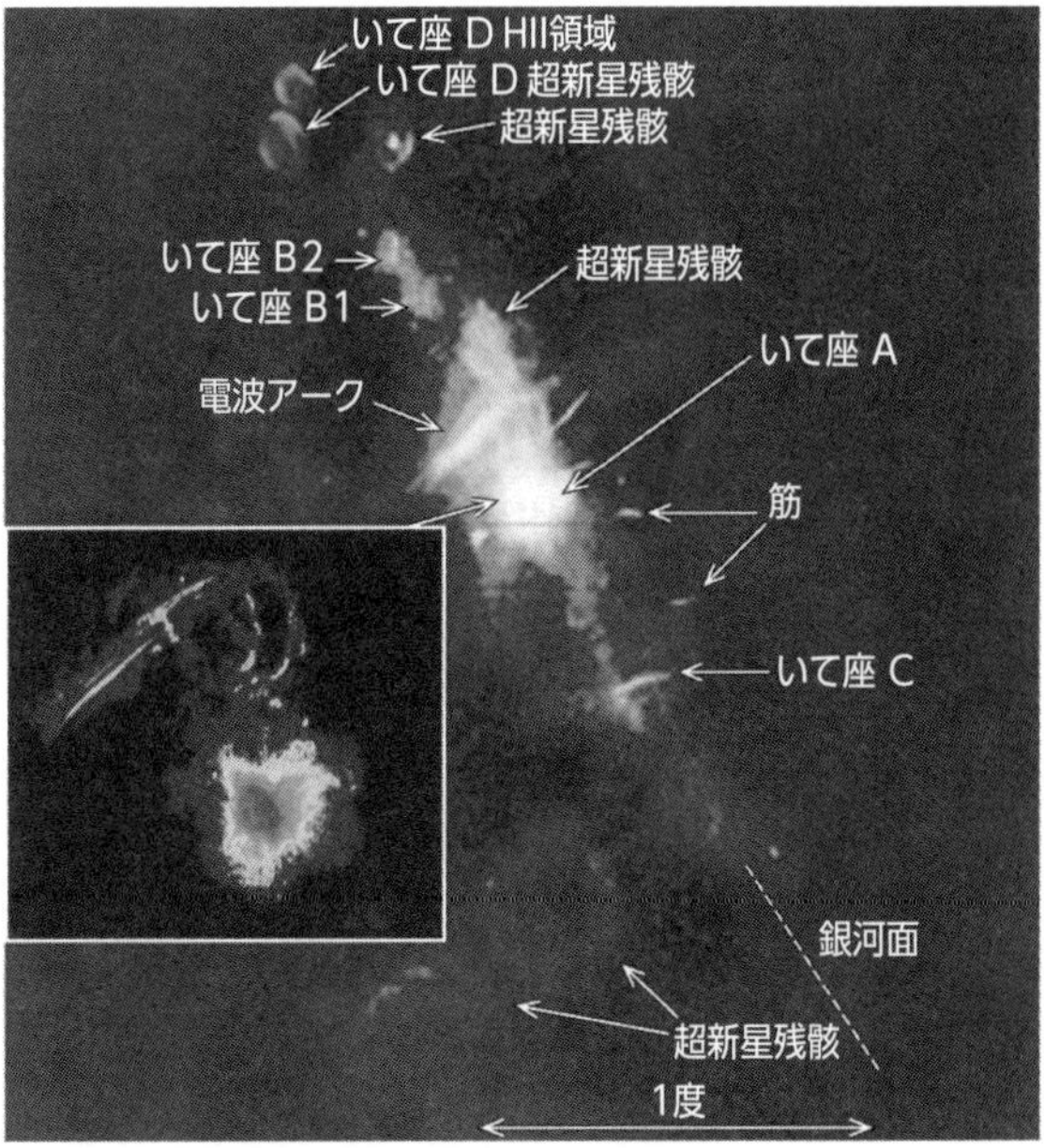

図6.2　天の川の中心を波長20 cmの電波連続光で見た姿
いて座Aのやや右側（西側）に、いて座A*がある。〔天文学辞典（web）、画像：T. N. LaRosa *et al.* (2000) Astron. J. **119**, 207; NRAO/AUI〕

*1　いて座は英語名がSagittarius（サジタリウス）なので、星座の略称はSgrとなっている。

な増光現象が観測されるがそれは「太陽フレア」とよばれている。

いて座A*の超大質量ブラックホール

いて座A*に超大質量ブラックホールがあることは周辺の星の運動を調べることで確定的になっている。天の川の中心領域を観測しやすいヨーロッパ南天天文台の天文学者たちは、近赤外線なら中心領域にある星がたくさん見えるので、モニターすれば中心にあるものの正体がわかるのではないかと考えた。そして、一六年にも及ぶモニター観測を続け、いて座A*には超大質量ブラックホールがあることを突き止めることに成功した。

図6・4にいて座A*の周辺一平方度領域にある星の運動が示されている。どの星も楕円軌道を描

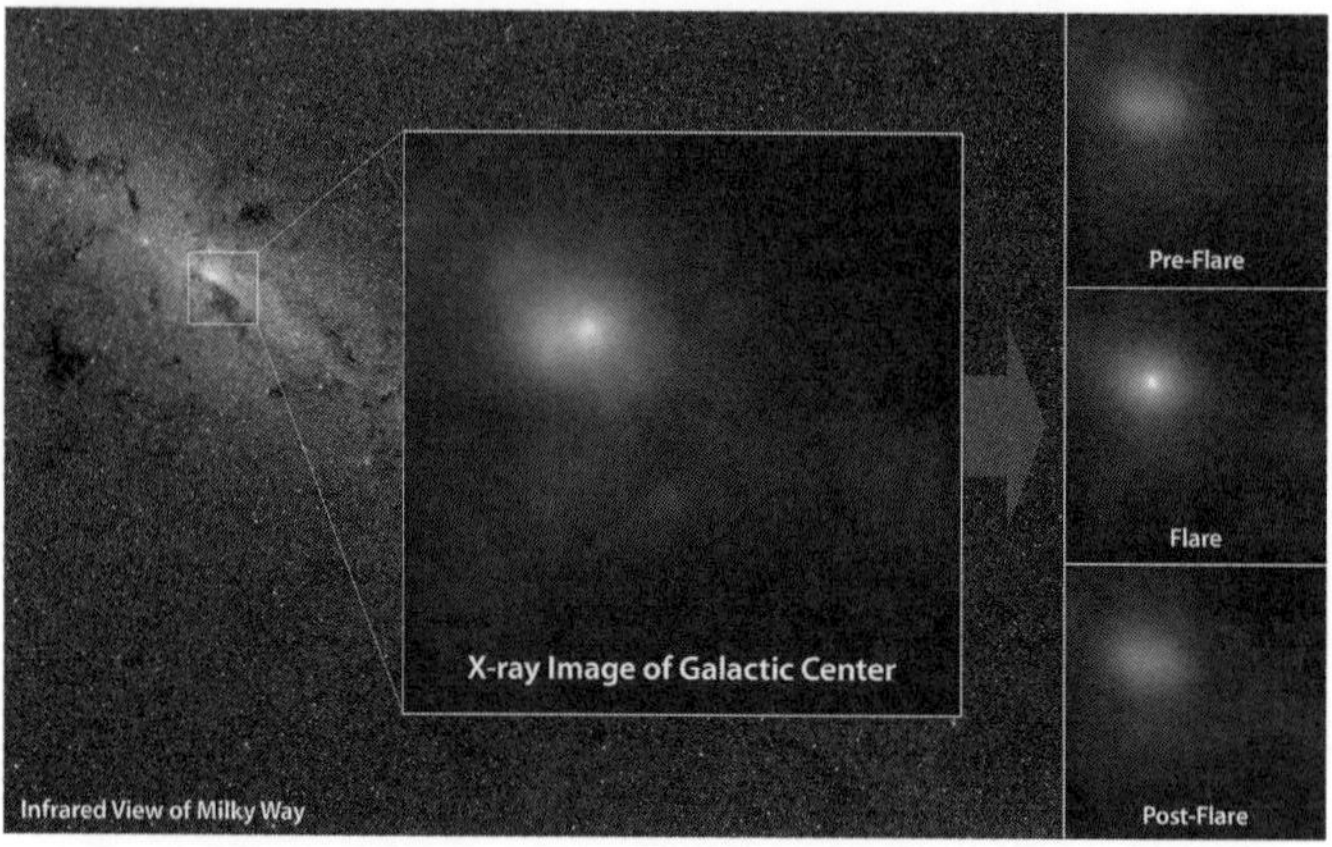

図6.3 NASAのX線天文衛星 NuStar が撮影した銀河中心領域のX線画像
右の三枚のパネルは上からフレアが起こる前、フレアが起きたとき、フレアがおさまったときのX線画像である。〔NASA/JPL-Caltech〕

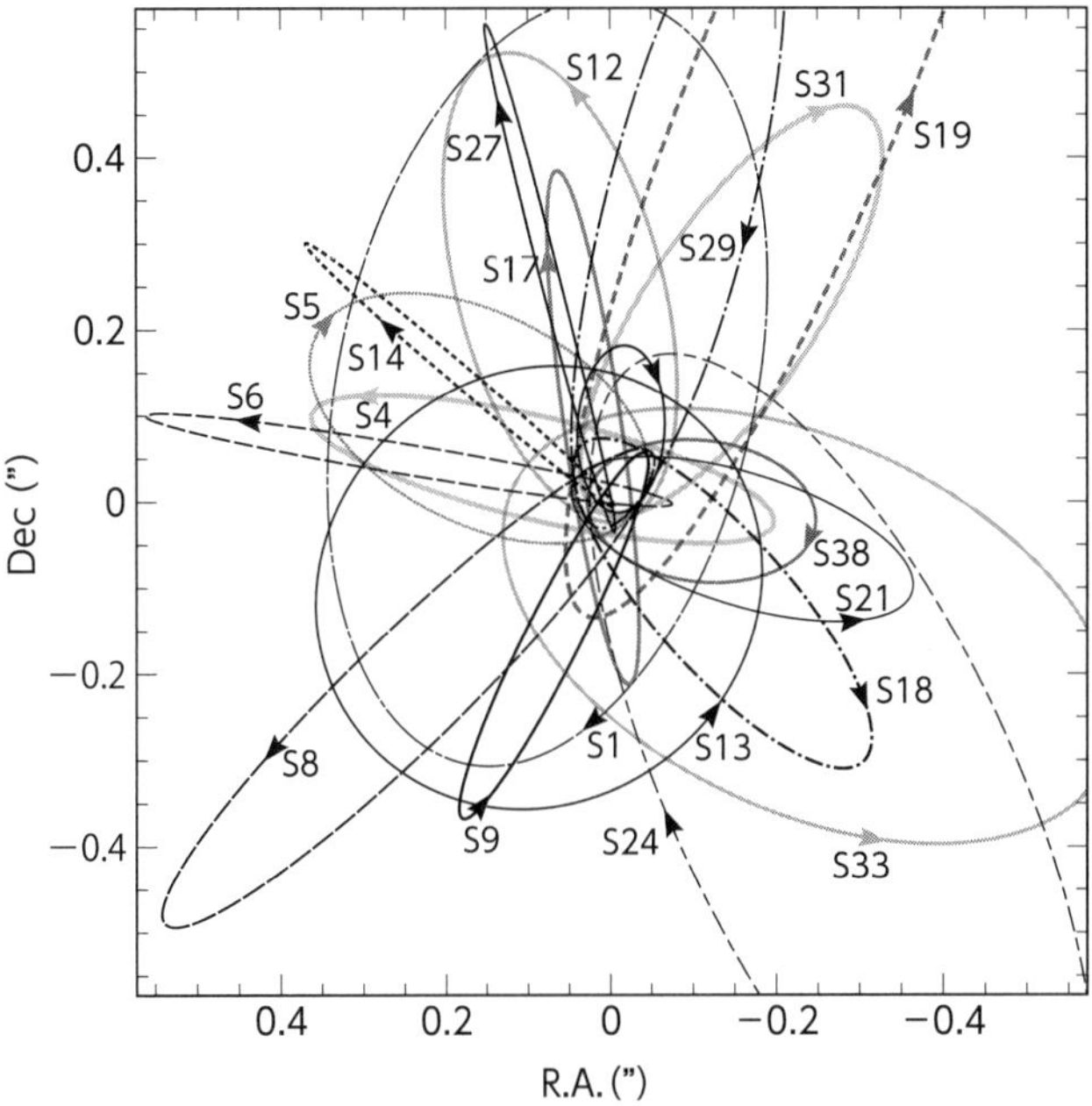

図6.4　いて座A*周辺の星のモニター観測で判明した軌道運動の様子
中心(R.A., Dec)＝(0, 0)にいて座A*がある。　〔S. Gillessen *et al*. (2008)をもとに作成 [arXiv:astro-ph/0810.4674v1]〕

いて、中心核の周りを軌道運動している。星々の速度も測定していたので、三次元的な運動を調べることができる。これらのデータを解析してわかることは次の二つだ。

・銀河中心核には超大質量ブラックホールがある
・その質量は太陽の四三〇万倍もある

EHTで見る

EHTはM87のブラックホール・シャドウを見ることに成功した。では、いて座A*ではどうなるだろうか？　気

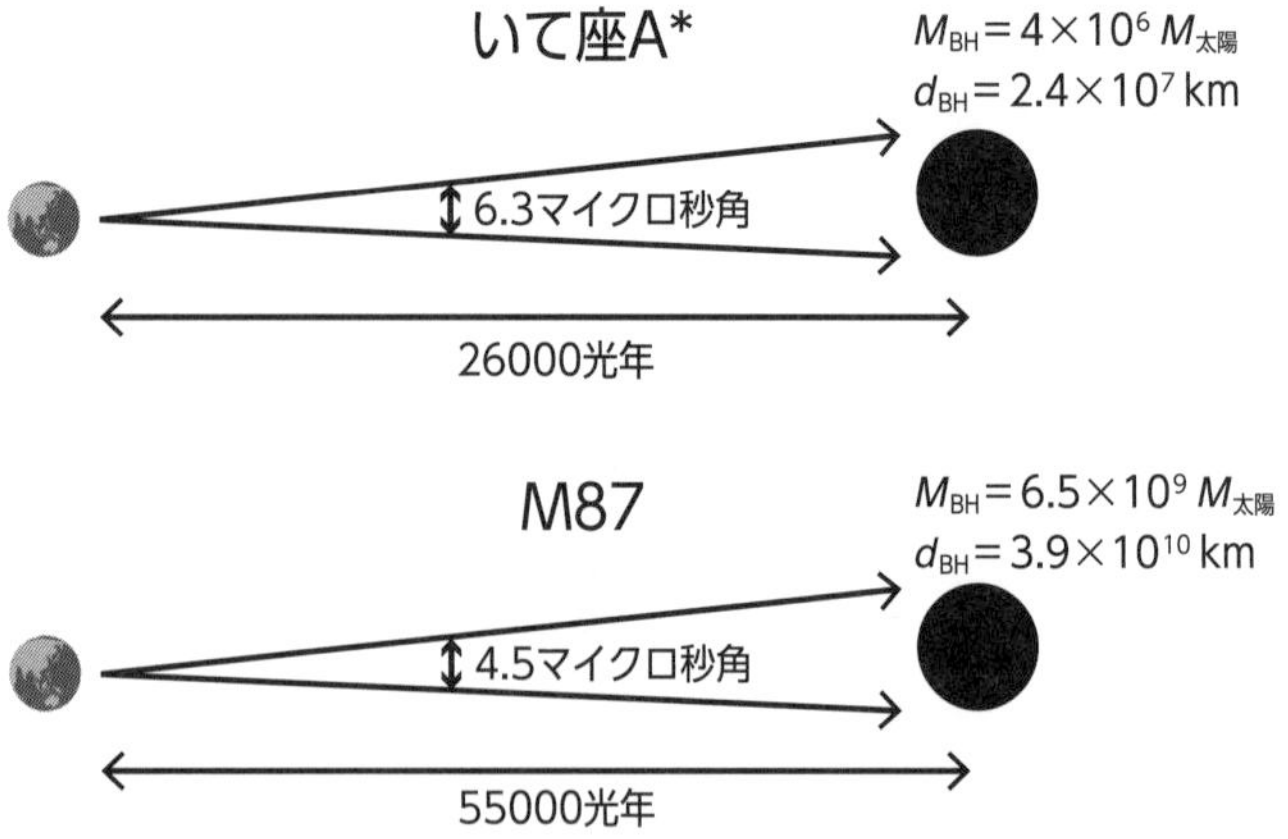

図6.5 いて座A*とM87にある超大質量ブラックホールの見かけのサイズの比較

になるところだ。何しろ、私たちの住む銀河系の中心にあるものだからだ。

図6・5にいて座A*とM87にある超大質量ブラックホールの見かけのサイズを比較してみた。いずれも見かけの大きさは数マイクロ秒角で同程度だ。ブラックホール・シャドウの大きさはこの約三倍なので、EHTで分解して見ることができる。つまり、いて座A*の超大質量ブラックホールもM87と同様に、あるいは、より鮮明にブラックホール・シャドウとして観測されることが期待される。

少し気は早いが、いて座A*にある超大質量ブラックホールによるブラックホール・シャドウのシミュレーション結果があるので見ておこう（図6・6）。はたして、このように見ることができるだろうか？ いて座A*の場合、銀河面と、いて座A*の周辺にある多数のプラズマ（図6・2）の影響を受けるので、それら

図6.6　いて座A*にある超大質量ブラックホールによるブラックホール・シャドウのシミュレーション
〔EHT project〕

の補正をどうするかでイメージのクオリティが決まる。いずれにせよ、やってみるしかない。EHTの結果を待つことにしよう。

楕円銀河NGC 5128

ケンタウルスA

NGC 5128はケンタウルスAという名前の電波銀河でもある。銀河の形態としては楕円銀河に分類されるが、一筋縄でいくような銀河ではない。まず、その可視光写真を見ておくことにしよう(図6・7)。

この写真を見ると、なんだか違和感を覚えるだろう。確かに全体的な構造は楕円銀河といえなくもない。しかし、中央部に暗黒帯がくっきりと見えている。いったい、これは何なのだろうか？　それを考える前に、銀河の形態分類について、復習しておくことにしよう。

銀河の形態分類

図6・8に示したものが、米国の天文学者エドウィン・ハッブル（1889-1953）が提案した銀河の形態分類法である。一九三六年に提案されたものだ。基本的には楕円銀河（図の左側の系列）と円盤銀河（図の右側の系列）に大別される。円盤銀河は渦巻銀河と、円盤部に渦巻の他に棒状構造を持つ棒渦巻銀河の二系列に分類されている。楕円銀河と円盤銀河の中間に位置するS0銀河は、円盤はあるが、渦巻構造を持たないものであり、実際に多数観測されている。*2

楕円銀河の秘密

図6・8に示したように、楕円銀河はE0からE7のサブクラスに分けられている。0から7の数字は楕円の扁平率を一〇倍した数値である。0は見かけ上、円に見えるが、7になるとかなり扁平な楕円になる。定義上、10は直線になるので銀河の形態としては意味がない。8と9は原理的にはあり得るが、力学的に不安定で壊れてしまう。そのため、現実の宇宙には存在しない。

この楕円銀河の系列の図を眺めていると、楕円銀河は球状のものから、だんだん扁平な形状をした

*2　ハッブルが分類体系を提案した当時は、S0銀河は観測されていなかった。ハッブルは楕円銀河と渦巻銀河の間には不連続性があると感じ、仮説的なカテゴリーとしてS0銀河を設定した。

図6.7　NGC 5128の可視光写真
〔ESO〕

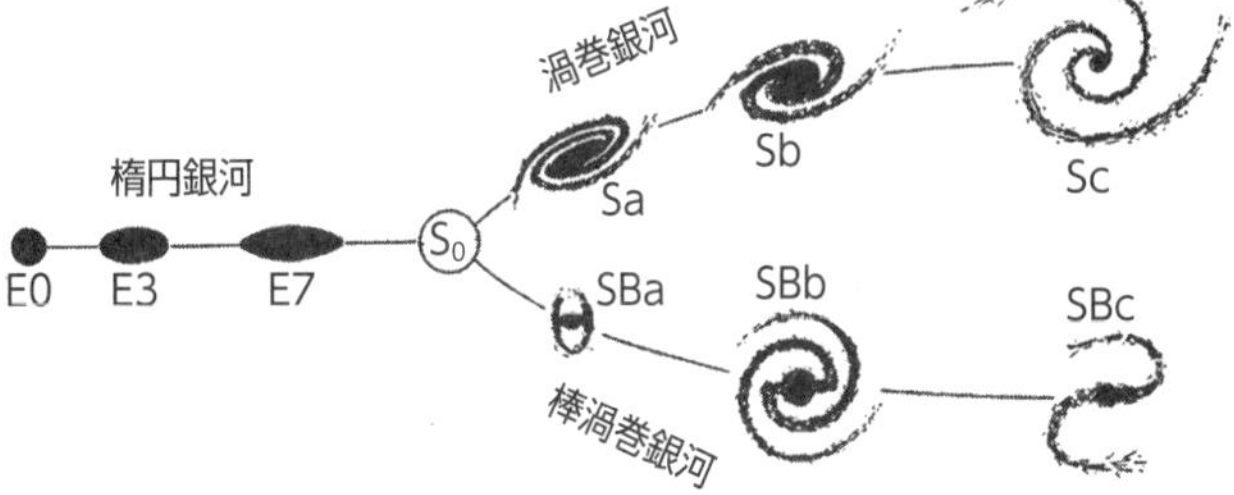

図6.8　銀河のハッブル分類
〔E. P. Hubble (1936)〕

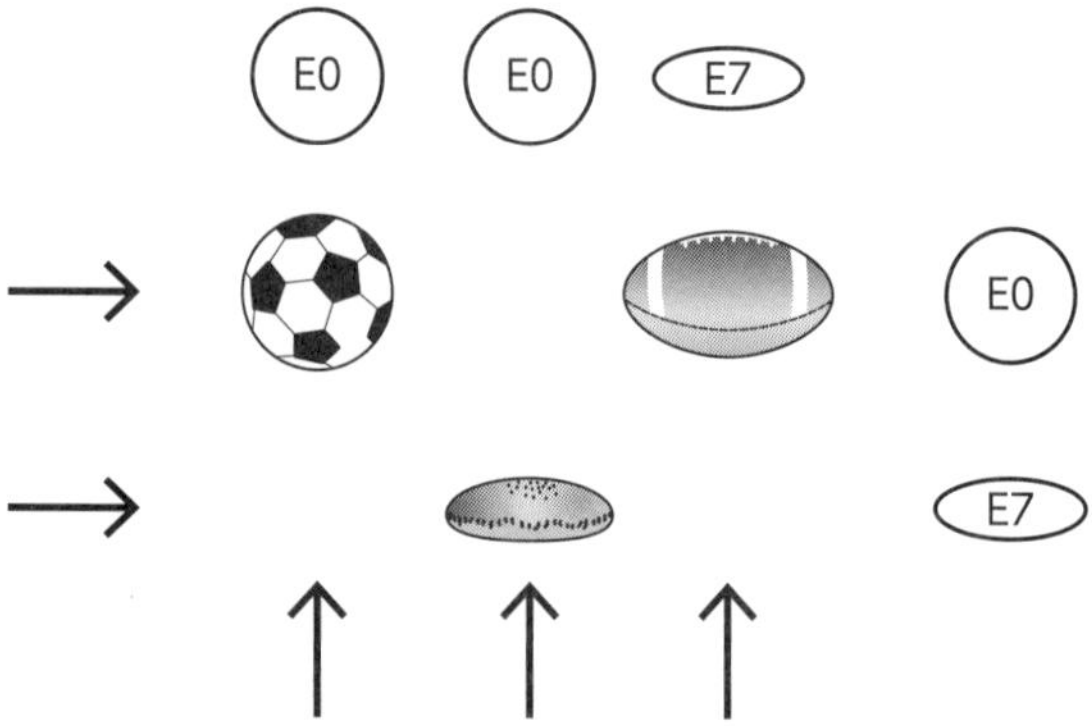

図6.9　3種類の楕円銀河の見かけの形態

ものまであるのだと思うだろう。ところが、それは間違いだ。

銀河の形は結局のところ、銀河の中で星がどのように分布しているかを表している。楕円銀河は回転しているが、その程度は円盤銀河に比べると弱い。回転よりは、むしろ星々のランダムな運動が形を決めている。それは速度分散とよばれる力学的な量だ。楕円銀河の形はどの方向で速度分散が大きいかで決まっている。このようにして楕円銀河の形を星の速度分散で理解すると、楕円銀河には次の三種類の形態があることになる(図6・9)。

・球形
・アンパン型
・ラグビーボール型

まさか、ラグビーボールのような形をした楕円銀河があるとは思わなかっただろう。しかし、そうなると楕円銀河の見かけの形には気をつけなければいけないことに気づく。

いま一度、図6・9を見ていただこう。アンパン型の場合、横から見れば平たい楕円銀河であるが、上から見れば丸に見える。一方、ラグビーボール型の場合、横から見れば平たい楕円銀河であるが、ボールをよく回転させる方向から見れば丸に見える。

つまり、E0と分類されていても、真の形状としては球形、アンパン型、ラグビーボール型の三種類あるということだ。私たちは一つの銀河を見る場合、一つの視線に沿って見るしかない。あらゆる方向から眺めて真の姿を確かめることはできない。そのため、楕円銀河の真の姿を調べるときには、分光観測(スペクトル観測)をして、銀河内の星々の運動を調べる必要がある。分光観測を行うと、銀河の回転軸がどの方向にあるかがわかる。それを見かけの長軸の方向と比較すれば、アンパン型かラグビーボール型かを判定することができるからだ。

ラグビーボール型銀河と円盤銀河の合体

さて、ここでNGC 5128の写真(図6・7)をいま一度見てみよう。全体的な形状として、左上から右下にかけて伸びた構造をしている。じつはNGC 5128はラグビーボールの形状をした楕円銀河なのだ。では、暗黒帯は何か? これは楕円銀河に衝突してきた円盤銀河の残骸である。つまり、NGC 5128は一つの銀河ではなく、二つの銀河(ラグビーボール型の楕円銀河と円盤銀河)が合体したものなのである。
NGC 5128もM87と同様に明るい電波銀河であり、X線でも明るい。その様子を図6・10に示した。本質的には、M87と似ているといってよいだろう。当然のことながら、その中心には超大質量ブラックホールがあることが期待される。中心領域のガスの運動から質量が評価されており、その値は太陽質量の四五〇万倍である。一方、星の運動からは五五〇万倍と評価されている。[*3] 表6・1に与えられている質量よりはやや軽めになっている。NGC 5128までの距離は一三〇〇万光年であり、M87に比べると約四倍近いところにある。しかし、超大質量ブラックホールの質量はM87に比べて二桁軽いので、超大質量ブラックホールの見かけのサイズは〇・一五マイクロ秒角にしかならない。そのため、ブラックホール・シャ

図6.10 (右) 波長20 cmの電波連続光で見たNGC 5128の電波ジェット
(左) 電波(サブミリ波870μm)、X線、可視光の合成画像。口絵参照。
〔(右) NRAO/AUI、(左) 可視光：ESO/WFI; 電波: MPIfR/ESO/APEX/A. Weiss *et al.*; X線：NASA/CXC/CfA/R. Kraft *et al.*〕

ドウを見るのは難しいかもしれない。電波ジェットの根元を見ることにウェイトが置かれたターゲットだろう。

クェーサー OJ 287

変光する電波銀河

OJ 287は米国オハイオ大学の電波源サーベイで見つかった電波銀河の一つだ。OJ 287の最大の特徴は一二年周期で、光度が急激に明るくなる変光を示すことだ(図6・11)。これは「アウトバースト」とよばれる現象である。

この電波銀河は約三五億光年彼方にあるので、可視光のイメージはまるで点源のようにしか見えない(図6・12)。

ドップラー・ブースト

電波の強いクェーサーの部類だが、時間変動が激しいので、特別に「ブレーザー」というクラスに属している。ブレーザーでは電波ジェットが私たちに向かって出てきている。そのため、M87やNGC

＊3　下記の論文を参照。https://arxiv.org/pdf/1002.0965.pdf

5128のように長く伸びた電波ジェットは観測されない。きわめてコンパクトな電波ジェットが見えるだけだ(図6・13)。もし、このジェットが天球面に沿って出ていたら、もっと長いジェットして観測されるだろう。

ところで、この図を見てわかることは、電波ジェットは片側(図では右側)にしか出ていないことだ。しかし、実際には両側にジェットは出ている。ただ、左側の成分は私たちから光速に近い速度で遠ざかっているので、見えていない。逆に右側の成分は光速に近い速度で私たちの方向に向かっているので明るく見えている。これは特殊相対性理論の効果である。ジェットからの放射はジェットの前方に集中する。これは「ドップラー・ビーミング効果」とよばれている。また、ドップラー効果そのもので(私たちに近づいてくる場合、放射の周波数は高くなる)放射

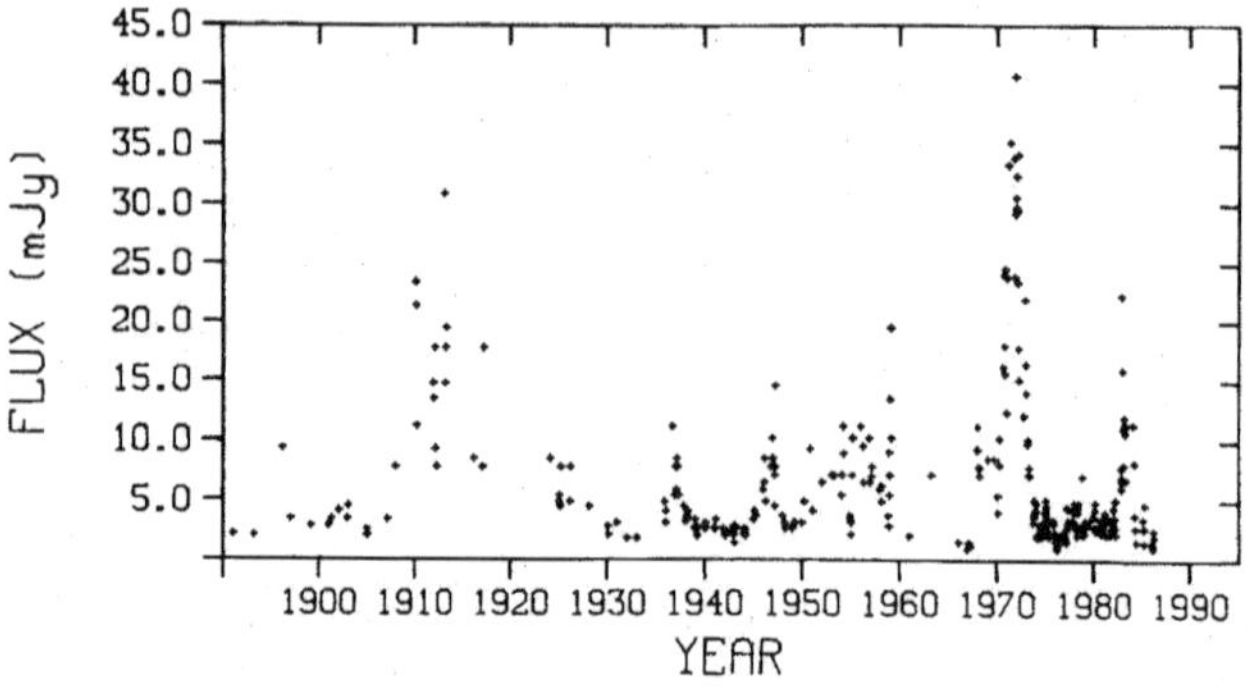

図6.11　電波銀河OJ 287で観測されてきた周期的な光度変化

各地の天文台で撮影された写真データをもとに、1890年代からの光度変化が示されている。この図には示されていないが、1990年以降も11年周期のアウトバーストが観測されている。　〔A. Sillanpaa *et al*. (1988) ApJ, **325**, 628〕

図6.12　OJ 287の可視光の写真
OJ 287は図中の丸印の中央にある天体。〔Digitized Sky Survey〕

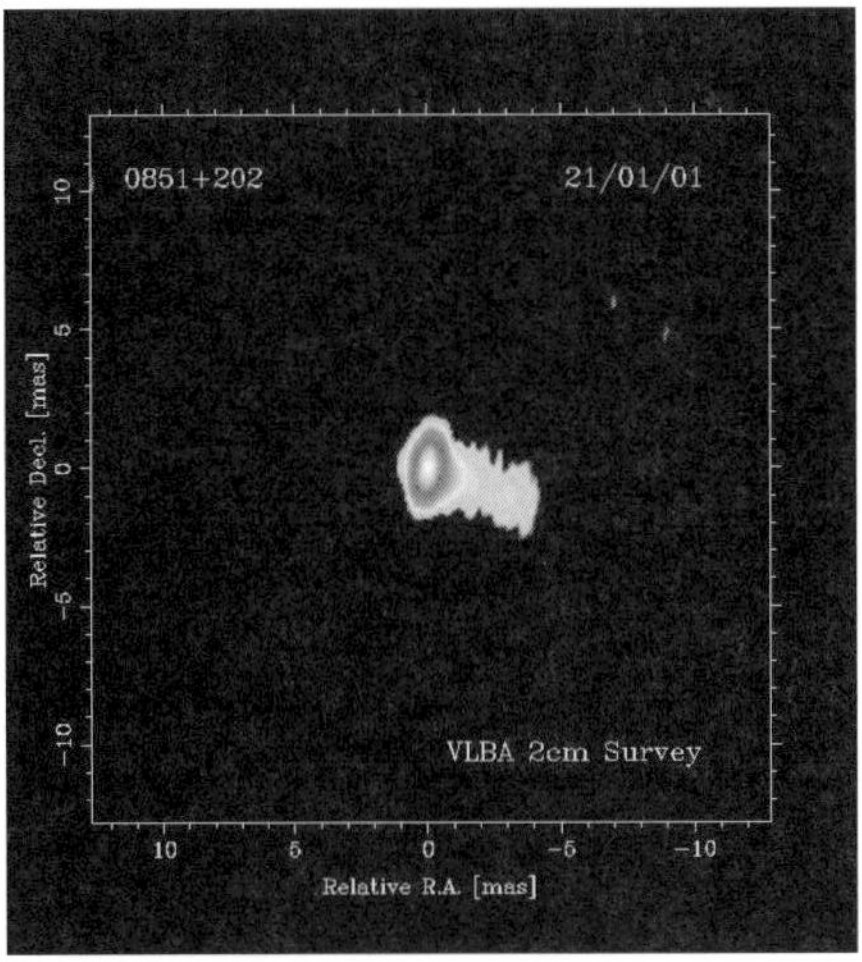

図6.13　OJ 287の電波ジェット
図のスケールで用いられているmas はミリ秒角である。OJ 287の距離では、1 mas は約17光年に相当する。〔NED〕

のエネルギーは高くなる。これら二つの効果を合わせたものが「ドップラー・ブースト」である。

超大質量ブラックホール連星

OJ 287の一二年周期のアウトバーストは何が引き起こしているのだろうか？　最もシンプルなアイデアは超大質量ブラックホール連星[*4]である。つまり、この電波銀河の中心部には超大質量ブラックホールが二つあり、お互いの周りを公転運動しているとするものだ。観測結果から推定される公転運動の様子を図6・14に示した。

図6・15にもOJ 287の超大質量ブラックホール連星の軌道運動の様子を示すイラストを示した。この図にあるように二つの超大質量ブラックホールの質量は、重いほうが太陽質量の約一八〇億倍、軽いほうは一・五億倍である。太陽

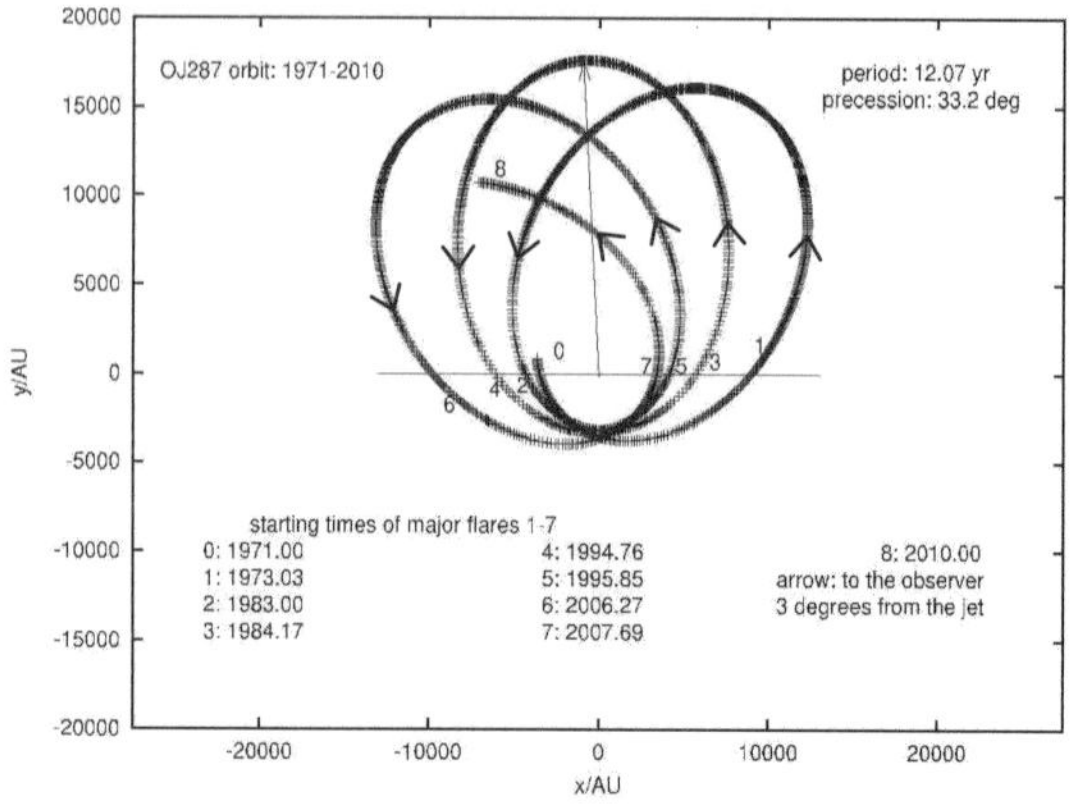

図6.14　OJ 287の巨大ブラックホール連星の軌道運動
歳差運動のため、軽いほうの超大質量ブラックホールの軌道は図のようにずれていく。
〔M. J. Valtonen *et al*. (2006) ApJ, **646**, 36〕

図6.15　OJ 287の超大質量ブラックホール連星の軌道運動の様子を示すイラスト
〔L. Dey *et al*. (2018) ApJ, **866**(1), 11〕

質量の約一八〇億倍という質量は超大質量ブラックホールの質量としては最重量級の値だ。距離は三五億光年と遠いが、EHTで観測してみる価値は高い。しかも、これら二つの巨大ブラックホールの距離は約〇・一光年しか離れていない。うまくいけば、ブラックホール・シャドウが二個並んで見える可能性すらある。ただ、重いほうの超大質量ブラックホールの見かけのサイズは約〇・二マイクロ秒角なので、厳しい観測になるだろう。NGC 5128同様、電波ジェットの根元を見ることにウェイトが置かれたターゲットだろう。

重力波天文台のターゲットになる

今後、これらの巨大ブラックホールは重力波を放出しながら、

＊4　超大質量ブラックホールは星ではないので「連星」という言葉を使うのはややおかしい。二個の超大質量ブラックホールが連星のようにお互いの周りを軌道運動しているという意味で用いている。英語では supermassive binary と表現されている。

その距離を縮めていく。まだ数億年はかかるかもしれないが、いずれは一つの巨大なブラックホールに合体していくことが予想される。そのとき放出されるのは重力波だ。現在の重力波天文台では無理だが、計画が予定されているeLISAとETPAなどは超大質量ブラックホール連星の合体で発生する重力波の検出を目指している（図6・16）。ここで、eLISAはレーザー干渉型宇宙重力波天文台でeはextended版を意味する。一方、EPTAはヨーロッパ・パルサー・タイミング・アレイのことである。

楕円銀河 NGC1052

近傍の電波銀河

NGC1052はE4型に分類される楕円銀河

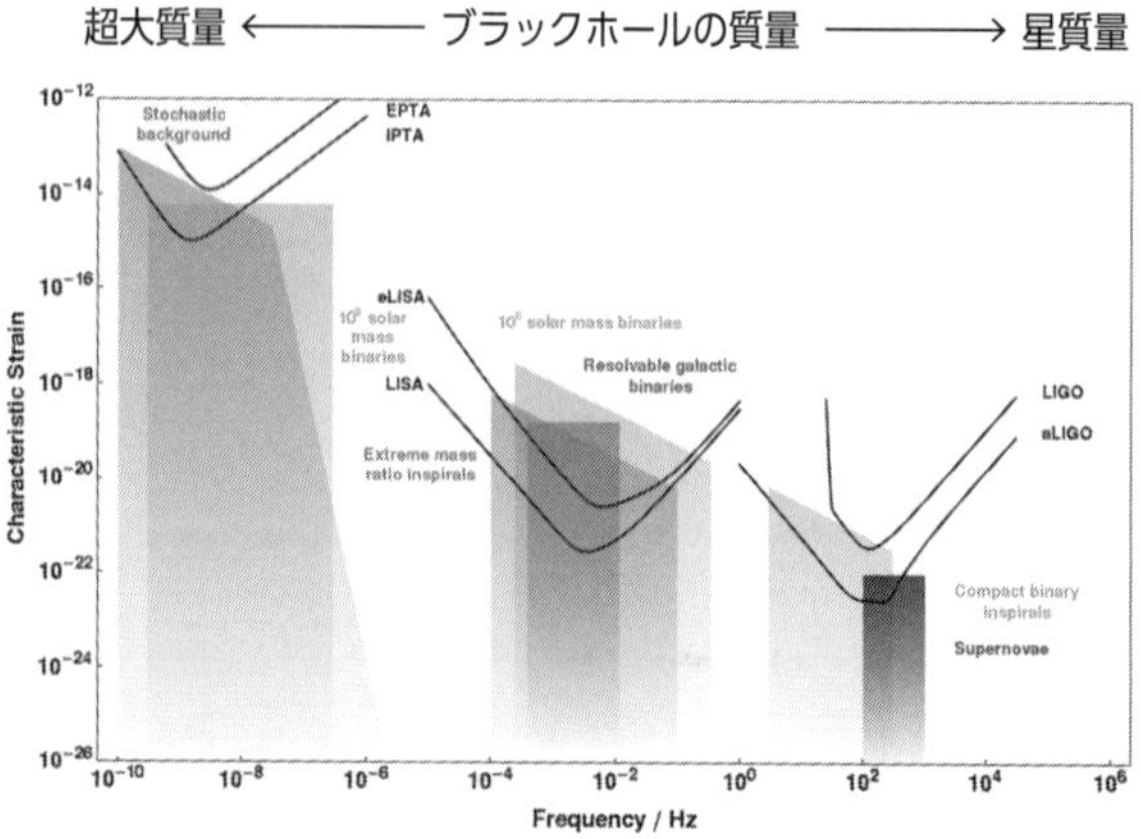

図6.16　重力波による時空の歪み（縦軸）と、重力波源となる連星系の周期（横軸の周波数）の関係

現在稼働中の重力波天文台LIGOから将来稼働が予定されている重力波天文台の検出感度が示されている。　〔C. Moore, R. Cole & C. Berry〕

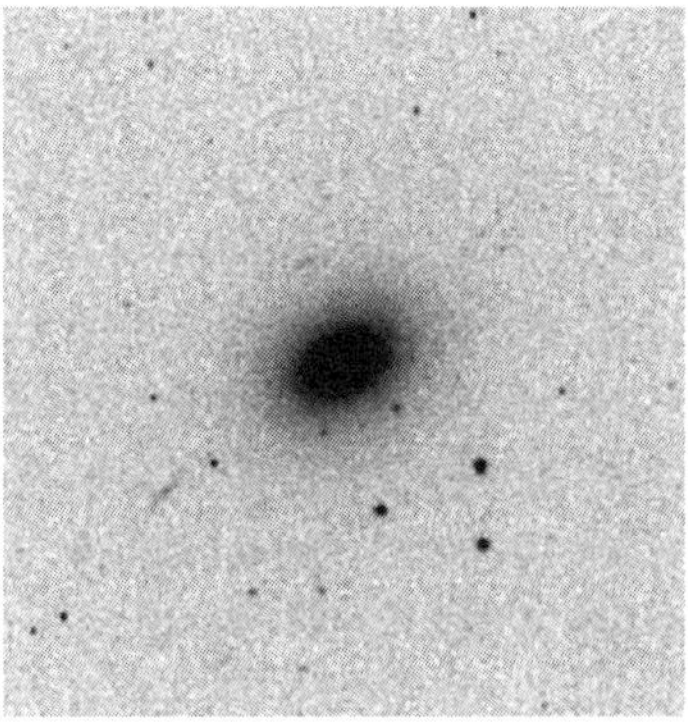

図6.17　NGC 1052 の可視光イメージ
〔SDSS〕

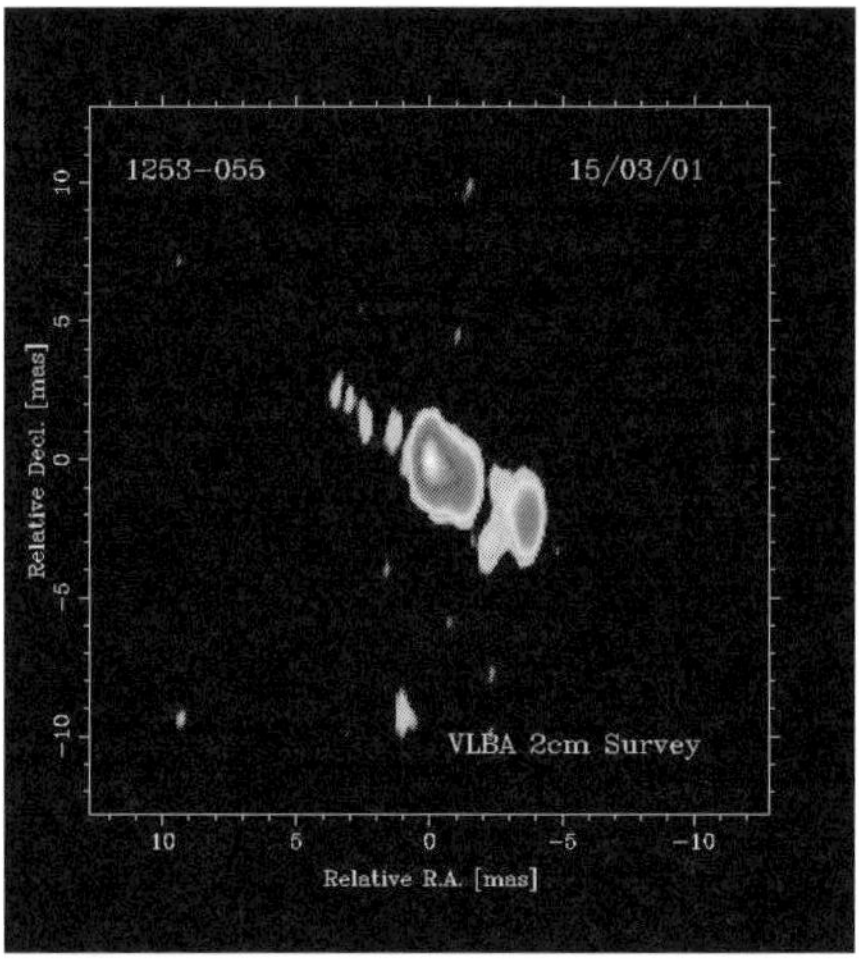

図6.18　NGC1052で観測されている電波ジェット
米国にあるVLBI電波干渉計システムであるVLBAで観測されたもの。観測波長は2 cmである。1 mas は0.3光年に相当する。　〔NED〕

である（図6・17）。また、電波ジェットも観測されている（図6・18）。距離は六三〇〇万光年なので、NGC 5128と類似しているように思われるかもしれないが、図6・20に示されているように、NGC 1052の電波ジェットはこの銀河の中心領域でのみ観測されている。NGC 5128のように銀河スケールまで伸びたものではない。

電波ジェットの根元を見よ

中心領域だけとはいえ、電波ジェットが出ているので、この銀河の中心にも超大質量ブラックホールがあると考えてよいだろう。質量は中心領域の星の速度分散から、太陽質量の約一・五四億倍と評価されている。*5

距離を考えると、超大質量ブラックホールの見かけのサイズは〇・一マイクロ秒角でしかない。さすがのEHTでもNGC 1052のブラックホール・シャドウを見るのは難しいかもしれない。この銀河も、電波ジェットの根元を見ることにウェイトが置かれたターゲットだろう。

クェーサー 3C 279

由緒正しい電波銀河

さて、最後のターゲットだ。クェーサー 3C 279の番だ。

ところで、この3C 279という名前の由来はどうなっているのだろう。聞いただけでは、まったく意味不明である。考えてみれば、いままで見てきた天体の名前である M87やNGC 1052などの名前もよくわからない。しかし、想像はつくだろう。MやNGCはカタログの名前。そのあとの数字はカタログの中での番号であろうと。それは正しい。天体の名前はおおむねその約束でついていると思ってよい。ただ、最近はどんどん天体が見つかるのでカタログをつくる暇もない。そのため、天球における座標(赤経と赤緯)で名前がつけられることも多くなってきた。たとえば、120136+5561などだ。この場合は、赤経が12時01分36秒で赤緯が+55°61'、という意味だ。単なる位置情報で天体の名前がつけられるということだ。味気ない時代になってきているのである。

さて、3C 279だ。英国ケンブリッジ大学のグループは、一九五〇年代から電波源の探査を行ってきた。その成果は電波源のカタログとして出版され、位置や電波強度などがわかるようになっている。最初のカタログは一九五〇年に出版され、現在まで九個のカタログが出ている。これらのカタログはそれぞれ1C、2C、3Cというふうによばれている。Cはもちろん Cambridge(ケンブリッジ)のことだ。ここまで説明するとわかっただろう。3C 279は3Cカタログで二七九番目に登録されている電波源のことである。ちなみに、人類が初めてクェーサーを認識したのは一九六三年のことで、その天体の名

＊5　下記の論文を参照。Tremaine *et al.* 2002, ApJ, **574**, 740.

前は3C 273であった。

3C 279は約五〇億光年彼方にあるクェーサーである。そのため、OJ 287と同様に可視光で見ると、星のようにしか見えない（図6・19）。

また、電波で観測すると、中心領域にジェットが見える（図6・20）。この電波ジェットは左上側と右下側に伸びているが、この図を見て明らかなように、右下側の成分のほうが圧倒的に明るい。これは、この成分が私たちの方向に放射されているためである。このジェットの速度はなんと、光速の九九・九九％という速さである。そのため、特殊相対性理論の効果で大幅に増光されているのである（OJ 287のところで説明したドップラー・ブーストの効果）。逆に左上側の成分が弱いのは、私たちから光速の九九・九九％という速さで遠ざかっているためである。ドップラー・ブーストが逆に働いているのだ。

光速を超えるジェット

じつは、3C 279は有名な電波銀河の一つである。それは、電波ジェットの伝播速度が光速を超えているように初めて観測されたクェーサーだからだ。「超光速運動」とよばれるものだ。

特殊相対性理論の要請から電磁波の速度は光速を超えることはない。したがって、超光速運動は見かけの効果で生じている。説明は付録5を参照されたい。

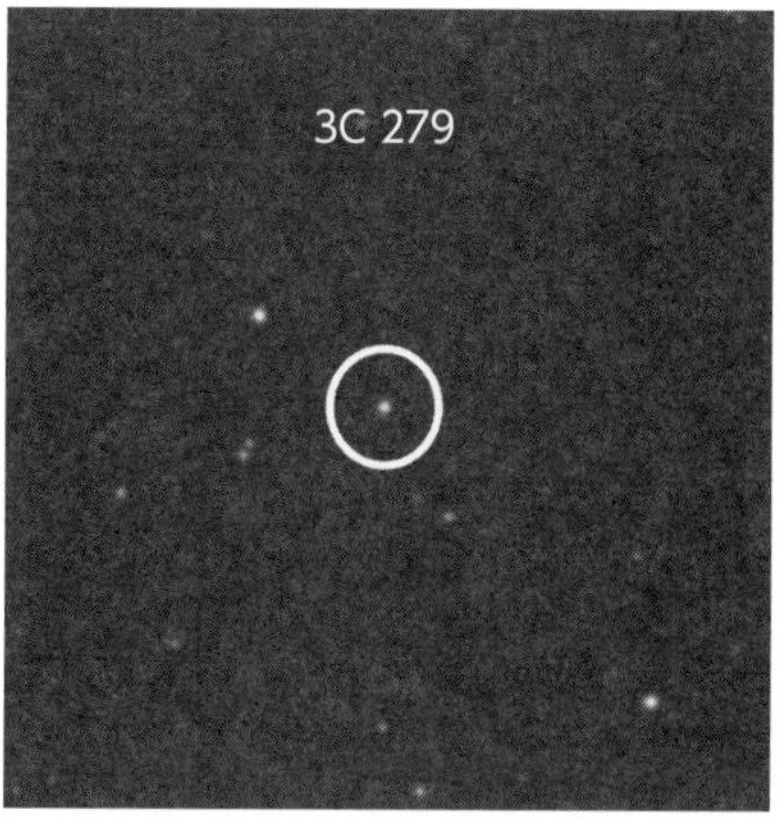

図6.19　3C 279の可視光の写真
3C 279は図中の丸印の中央にある天体。　〔Digitized Sky Survey〕

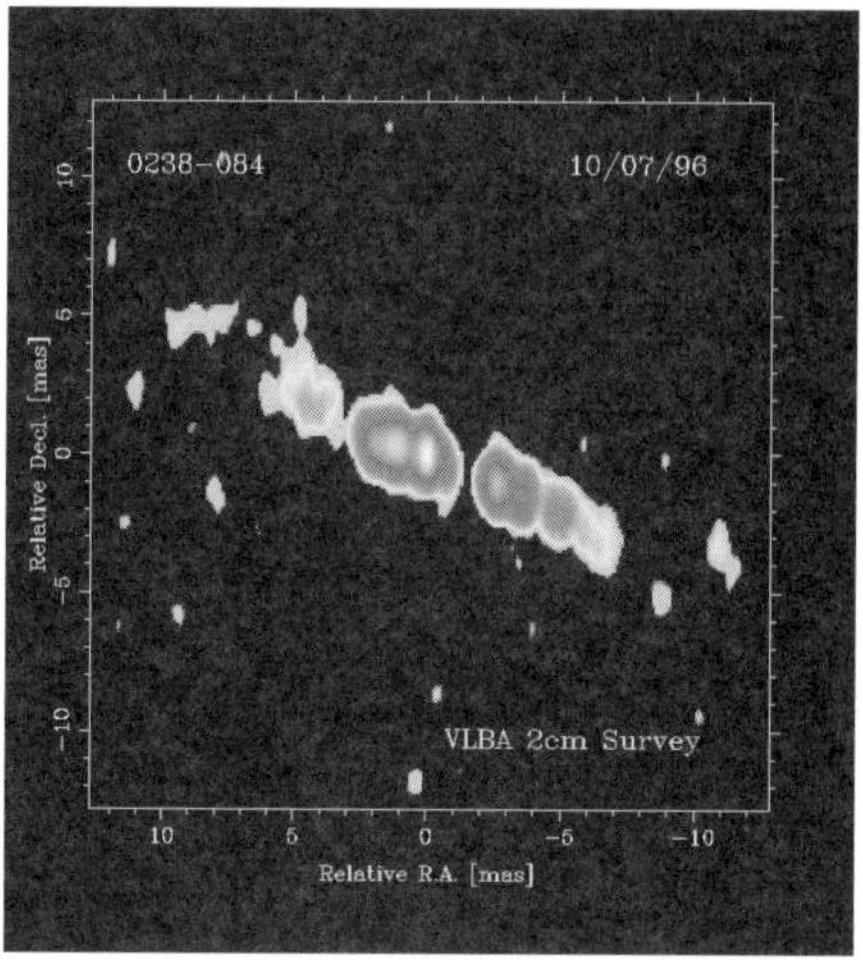

図6.20　3C 279の中心領域で観測される電波ジェット
米国にあるVLBI電波干渉計システムであるVLBAで観測されたもの。観測波長は2 cmである。1 masは24光年に相当する。　〔NED〕

折れ曲がるジェット

3C 279では、さらに驚くべき現象が観測されている。ジェットが折れ曲がっているように観測されることだ。今度は図6・21を見ていただこう。波長二《センチメートル》で観測したジェットは右下の方向に出ていたが、波長一・三《ミリメートル》で観測したジェットでは右上方向に出る新しいジェットが観測されたのである。なぜ、ジェットの出る方向が突然変化したのだろうか？

普通に考えれば、ジェットの出る方向が変わったということだろう（図6・22）。しかし、いくつか可能性はある。

まず、昔に出たジェットは銀河中心核の周辺にあった濃いガスに衝突し、向きが変えられてしまったというアイデアだ。そして、新たに見つかったジェットは何事もなく出ているというわけだ。もう一つのアイデアは、ジェットの出る向きが本当に変わったとするものだ。この場合、ガス雲との衝突ではないので、ジェットの出る向きが時々刻々と変わっていることになる。

ところで、3C 279で新たな電波ジェット成分が発見されたが、その後の観測で、この新たな成分（図6・21に示されているジェット）こそが電波ジェットの根元であることがわかってきた。そのため、3C 279の電波ジェットの解釈そのものが変更されることになった。

新しい解釈はこうなる。

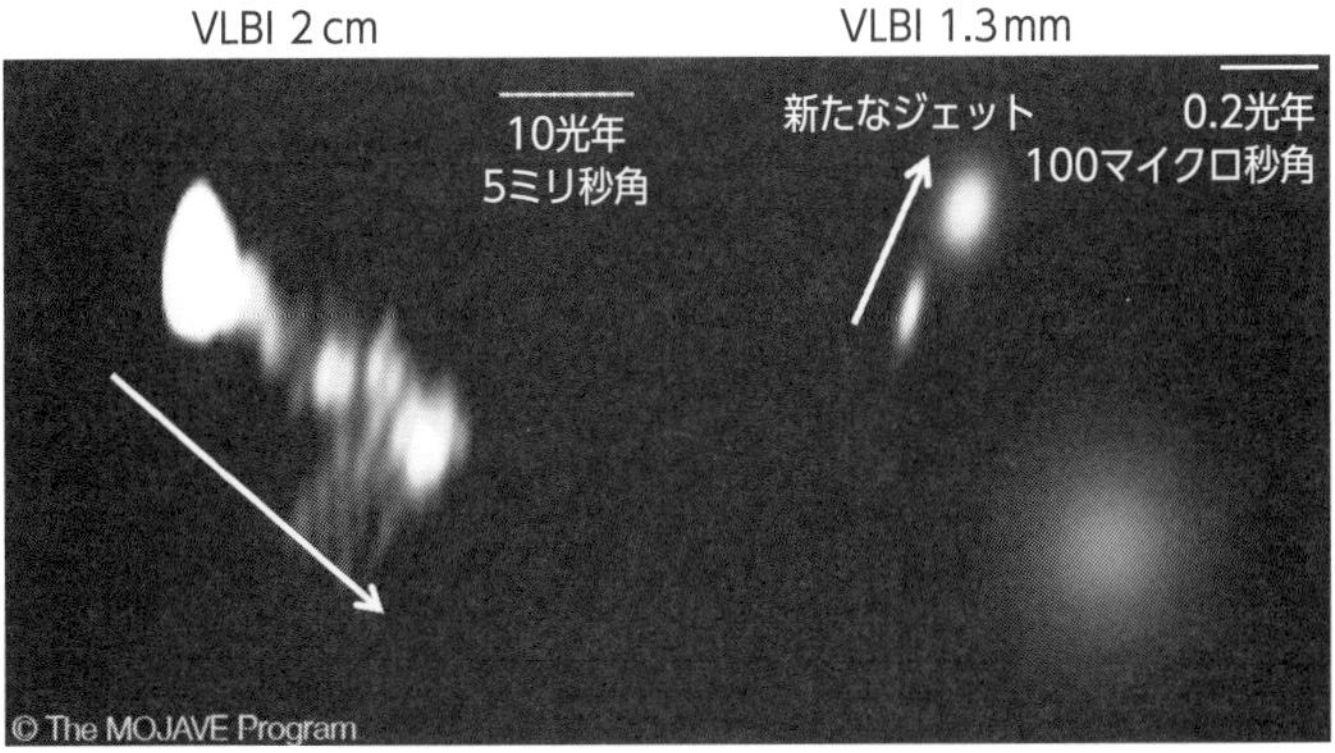

図6.21　3C 279の電波ジェット
（左）波長2 cm で観測したジェット、（右）波長1.3 mmで観測したジェット。
〔秋山和徳（国立天文台）〕

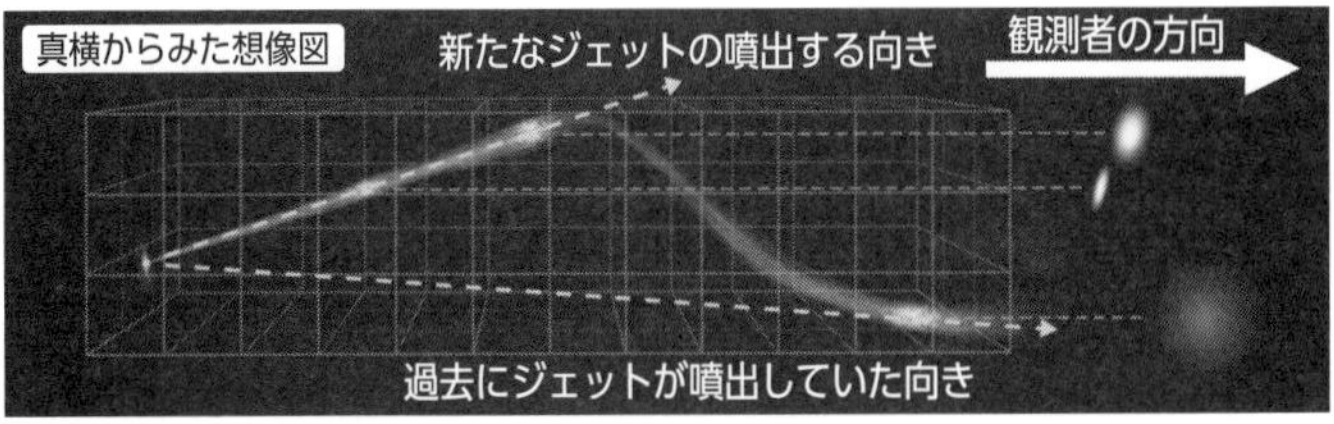

図6.22　3C 279の新たな電波ジェットを説明するアイデアの一つ
〔秋山和徳（国立天文台）〕

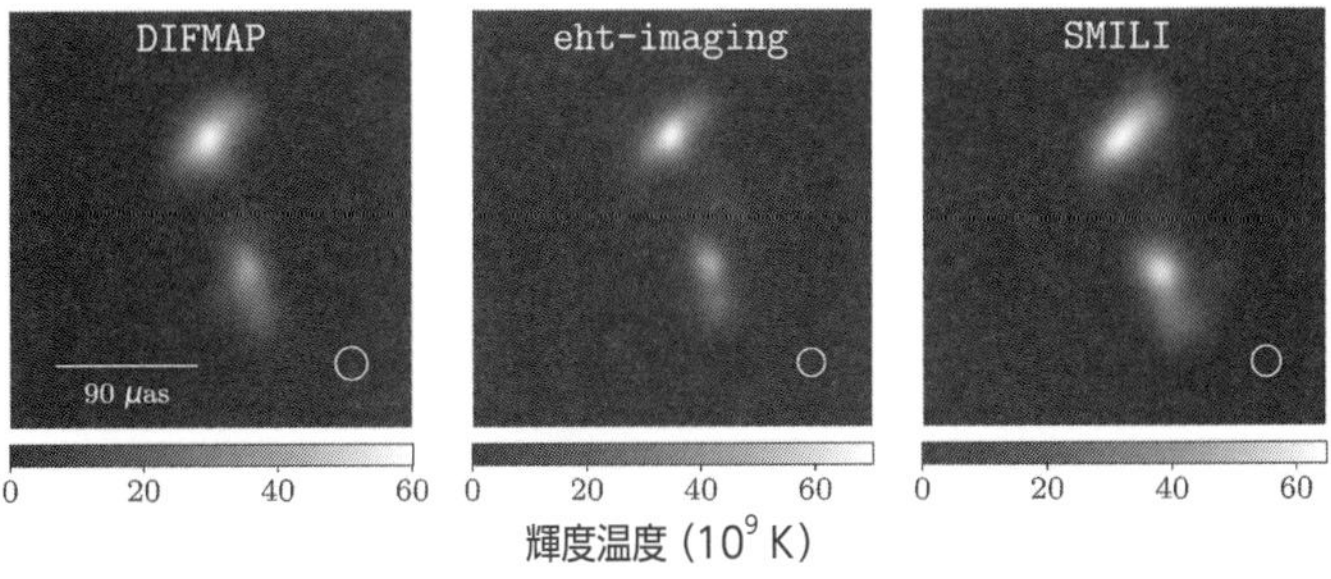

図6.23　EHTの観測で予想される3C 279のジェットのイメージ
〔EHT Collaboration〕

「新たなジェット成分がジェットの根元なので、ジェットはそこから（北側から）反時計回りにぐるっと回って出てきている」

これだと、銀河中心核の周辺にあった濃いガスに衝突し、向きが変えられてしまったというアイデアは馴染まない。

「ぐるっと回る」というのであれば、もう一つのアイデアである、ジェットの出る向きが本当に変わったと考えるほうが自然だろう。その場合、第7章で説明するバイナリー・ブラックホール説（超大質量ブラックホールが連星を成している）が浮上してくる。

いずれにしても、電波ジェットの正体を見極めるには、超高分解能の観測が要求されるということだ。ＥＨＴの重要性が再認識される。今後の展開が楽しみである。

3C 279もブラックホール・シャドウを見るには遠すぎる。そのため、電波ジェットの根元を見ることにウェイトが置かれたターゲットだろう。ＥＨＴの観測が答えを出してくれかもしれない（図6・23）。楽しみに待つことにしよう。

第7章　超大質量ブラックホールは一個じゃない？

電波銀河3C 66Bの中心核にある超大質量ブラックホール連星が合体していく様子（イラスト）
〔井口聖（国立天文台）〕

銀河の中心に超大質量ブラックホールは何個あるのか？

第6章で見たように、クェーサーOJ 287には超大質量ブラックホールが二個あると考えられている。一二年周期で光度が明るくなるアウトバーストを繰り返しているからだ。じつは、このあとで述べるが、クェーサー3C 279にも超大質量ブラックホールが二個あると考えられるようになってきている。つまり、EHTの観測ターゲット六個のうち、二個が超大質量ブラックホール連星を擁していることになる。個数は少ないので、統計的に有意かどうかはわからないが、割合としては三割にもなる。やや多いように感じるのは私だけではないだろう。

銀河系の中心にある超大質量ブラックホールがある場所は、いて座A*のところだ。いて座A*にある超大質量ブラックホールの個数は、誰しも一個だと考えている。ところが最近、いて座A*の近くに太陽質量の一〇万倍ぐらいの質量を持つブラックホールが発見された。[*1] 発見したのは慶應義塾大学の岡朋治教授らのグループだ。彼らはこれを「野良ブラックホール」と名づけた。

天球面に投影した距離は約二〇〇光年あるので、いて座A*にある超大質量ブラックホールと連星のような状態にはなっていないだろう。しかし、今後、いて座A*に接近していくと、いずれは連星状態になる可能性もある。

また、本章で詳しく説明するが、クェーサーなどの活動銀河中心核を持つ銀河は合体銀河であることが知られている。合体に参加した銀河がそれぞれ中心に超大質量ブラックホールを持っていると、合体の最終フェーズでは超大質量ブラックホール連星ができることになる。そのため、クェーサーなどの母銀河の中心に二個以上の超大質量ブラックホールがあったとしても不思議ではないのだ。

そこで、これからクェーサーなどの母銀河の中心に何個の超大質量ブラックホールがあるのか、例を挙げながら見ていくことにしよう。

歳差運動するジェット

3C 279の電波ジェットで観測された折れ曲がりの原因をすぐさま特定することは難しい。しかし、うねる電波ジェットは他の電波銀河で実際に観測されている。その例を見て、考えてみることにしよう。

電波銀河4C 73.18 の電波ジェットの蛇行運動(wiggle motionとよばれる)を見てみよう(図7・1)。クェーサーとしても登録されており、その場合の名前は1928+738だ。この銀河までの距離は約

＊1　超大質量ブラックホールの質量は太陽質量の一〇〇万倍以上。一方、星質量ブラックホールの質量は太陽の数倍から三〇倍程度。そのため、太陽質量の一〇万倍ぐらいの質量を持つブラックホールは超大質量ブラックホールと星質量ブラックホールの中間的な質量を持つため、中質量ブラックホールとよばれている。質量は太陽質量の一〇〇倍から一〇万倍のものが該当する。英語では Intermediate Mass Black Holeなので、IMBHと略されている。ちなみに、この名称の名づけ親は私である。二〇〇〇年のことだ(Taniguchi *et al.* (2000) PASJ, **52**, 533)。

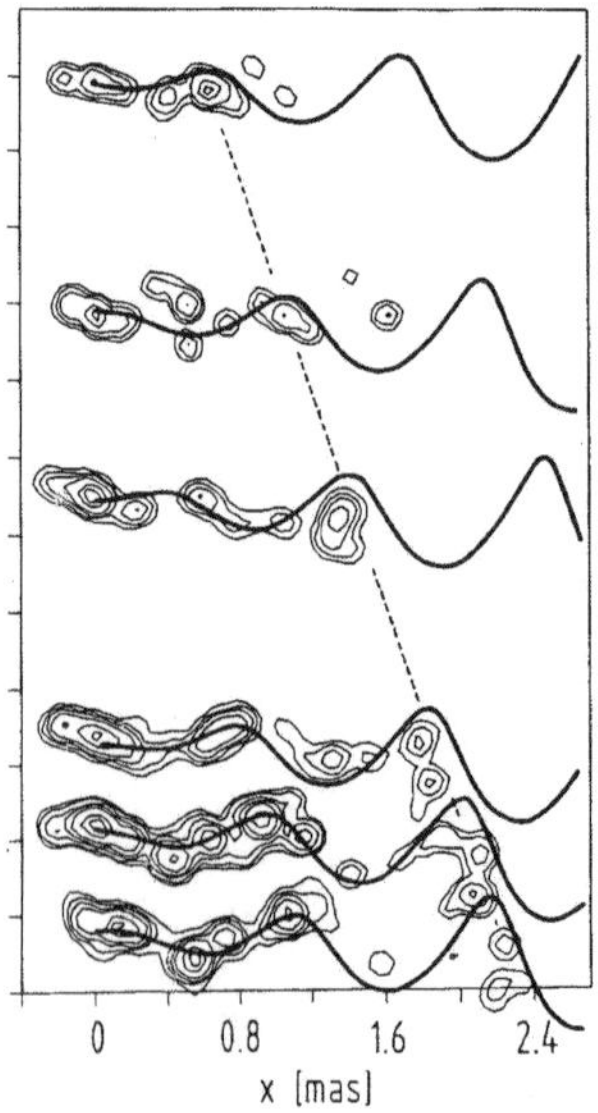

図7.1　電波銀河4C 73.18 の電波ジェットの蛇行
1985年から1989年まで電波ジェットの様子をモニターした結果。観測波長は1.3 cm。〔T. Roos *et al*. (1993) ApJ, **409**, 130〕

三〇億光年と遠いが、電波干渉計のおかげで、中心核から出てくる電波ジェットの様子がはっきりと捉えられている。五年間に及ぶ観測で、うねりながら放出されている電波ジェットの様子が発見されたのだ。ジェットが巨大ブラックホールの周辺から単純なメカニズムで放射されているのなら、このような「うねり」を説明するのは難しい。うねる理由がないからだ。

しかし、巨大ブラックホールが二つあって、その一つが歳差運動（首振り運動）しているとどうだろう。ジェットは歳差運動を反映してうねりながら出てくるだろう。

そして、歳差運動のモデルをつくってみると、図中の実線で示されているように、ジェットのうねりをうまく説明できる。

4C 73.18 の電波ジェットの蛇行の様子から、太陽質量の一億倍の質量を持つ二つのブラックホールが六〇〇年の周期で歳差運動していると、観測結果を再現できる(右図の曲線が理論モデルの予想)。二つの巨大ブラックホールの距離は10^{16}センチメートル(約〇・〇一光年)しか離れていない。あと一〇万年もすれば、二つの巨大ブラックホールは合体するだろう。

もちろん、電波ジェットが降着円盤の中で、場所を変えながら出ているとする考え方もあるだろう。しかし、なぜそうなるかを自然に説明できる降着円盤モデルはいまのところない。

超大質量ブラックホールは一個じゃない?

最近、三〇年以上に及ぶ3C 279のVLBI観測のデータを調べ直し、電波ジェットは二種類あることがわかってきた(図6・21参照)。それを説明できるのは電波銀河4C 73.18 の電波ジェットの蛇行を説明する歳差運動モデルである。つまり、3C 279にも超大質量ブラックホールが二個あるということだ。考えてみれば、OJ 287にも二個の超大質量ブラックホールがある。

では、クェーサーや電波銀河の中心には二個、あるいはそれ以上の超大質量ブラックホールが存在する可能性はあるのだろうか? じつはあるのである。

まず、宇宙では銀河同士の衝突が多い（図7・2）。そして、単なる遭遇に終わることは稀《まれ》で、ほとんどの場合、合体して一つの銀河になっていく。合体に参加した二個の銀河の中心にそれぞれ超大質量ブラックホールがあれば、合体銀河の中心には超大質量ブラックホール連星ができるだろう。最終的には重力波を放出して一個の超大質量ブラックホールになるにしても、一時期は連星状態になっているはずだ。

では、クェーサーや電波銀河は合体銀河なのだろうか？　じつは、答えはどうもイエスのようなのだ。図7・3を見ていただきたい。ハッブル宇宙望遠鏡で撮影されたクェーサーの可視光写真だ。中央の列と右の列にある四個のクェーサーは明らかに銀河が衝突して、その痕跡が見えている。左上のクェーサーは渦巻銀河のように見えるかもしれないが、注意深く見ると渦巻は一本しかない。このような非対称の渦巻構造は銀河の合体の名残であると考えられている。一方、左下のクェーサーは楕円銀河のように見える。ところが、楕円銀河は渦巻銀河同士の合体で形成される。

ちなみに、人類が最初に認識したクェーサーである 3C 273 も、ハッブル宇宙望遠鏡の観測から、合体銀河であることがわかっている。3C 273 は一〇〇年にも及ぶ可視光帯での光度変化が調べられている（図7・4）。これはさまざまな天文台で撮影された写真を調べて作成されたものだ。光度変化にうねりが見られる。約二〇年の周期で光度が変動しているのだ。OJ 287 で観測されたようなアウトバースト的な光度曲線ではないが、まるで連星で観測されるような光度曲線である（図6・11）。

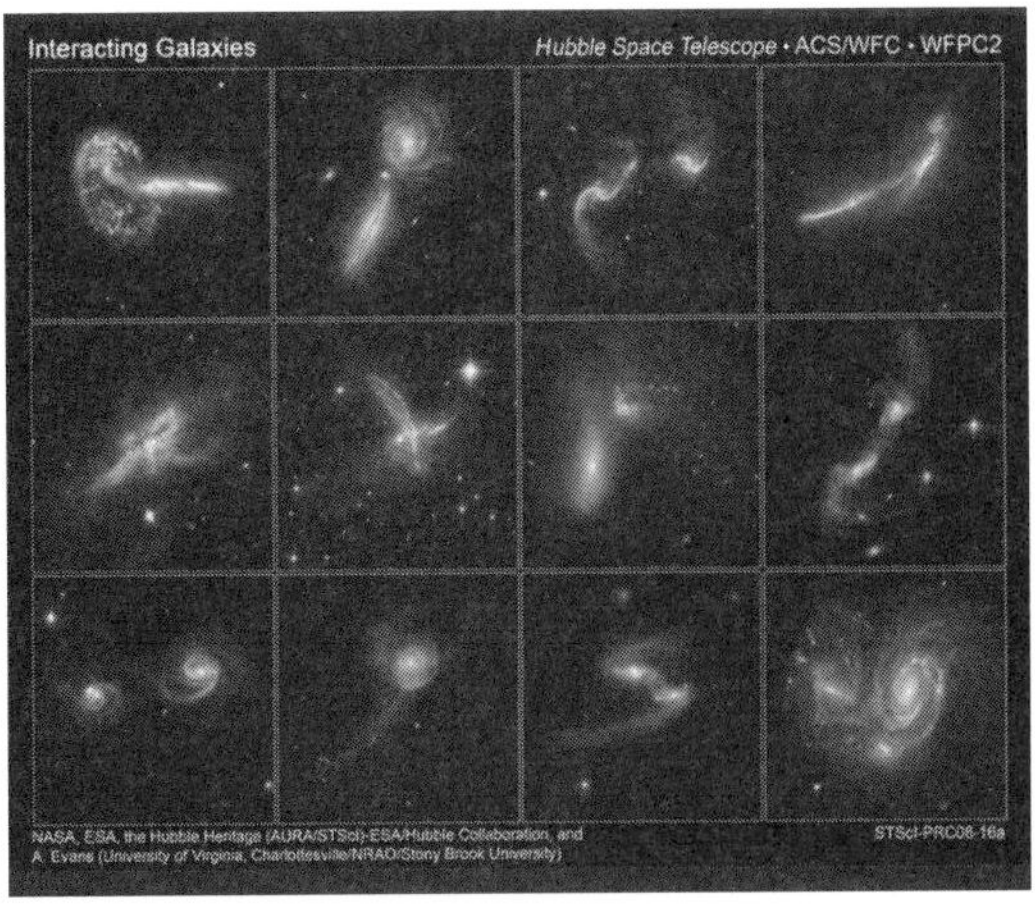

図7.2 ハッブル宇宙望遠鏡で撮影された衝突する銀河の例
〔NASA/ESA/STScI〕

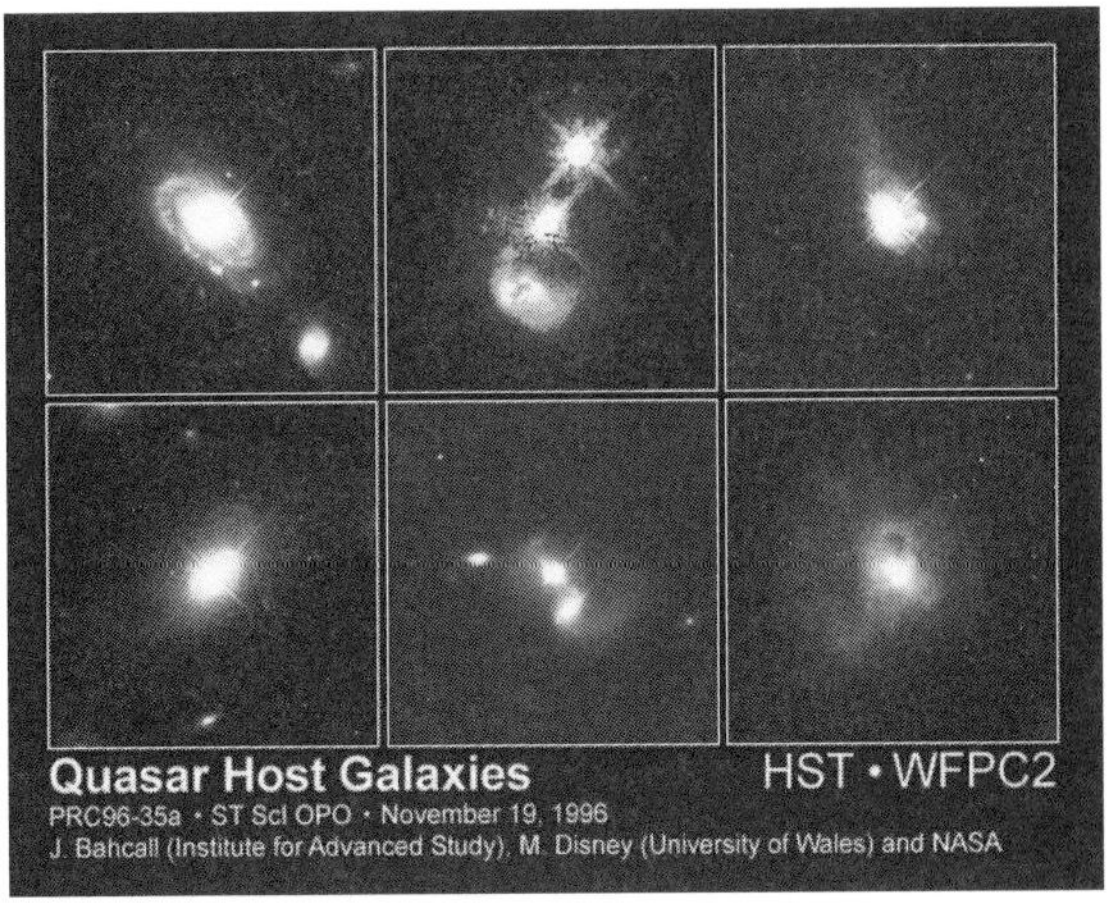

図7.3 ハッブル宇宙望遠鏡で撮影されたクェーサーの例
〔NASA/ESA/STScI〕

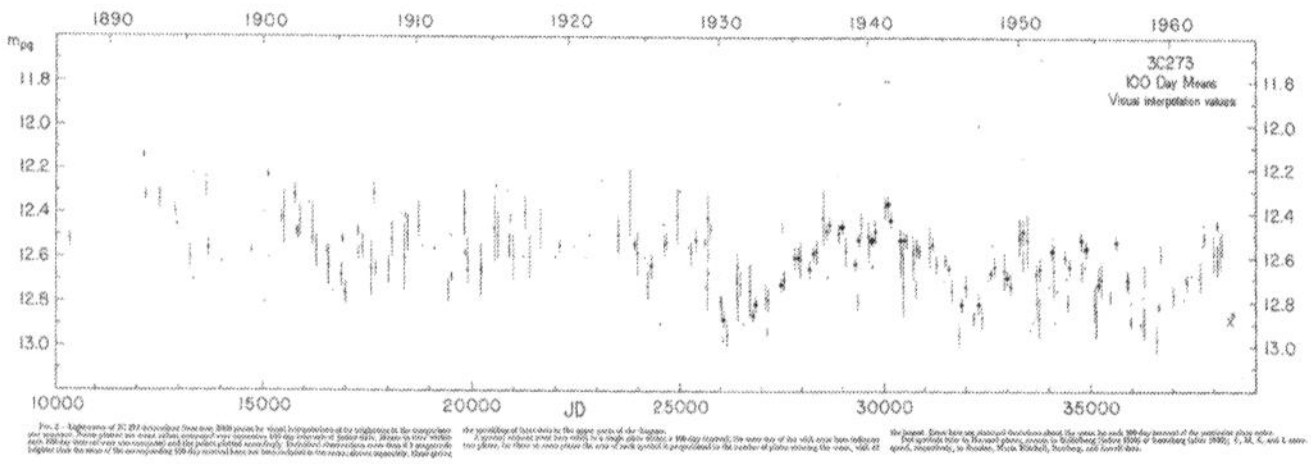

図7.4　3C 273の可視光光度の時間変化
〔H. J. Smith (University of Chicago Press, 1965)〕

3C 273の中心には超大質量ブラックホール連星が潜んでいる可能性が高いだろう。

OJ 287や3C 273で観測されているような光度の周期的な変化は他の電波銀河でも見つかっている。

また、超大質量ブラックホール連星が観測されている一番よい例は3C 66Bという名前の電波銀河だ。この電波銀河では二個の超大質量ブラックホールがあり、一方の電波源の精密位置測定から、約一年の周期で軌道運動していることがわかっているのだ[*2]（図7・5）。

その後、さらに詳しいモニター観測が波長三ミリメートルの電波で行われ、電波強度の時間変動が調べられた。その結果、二個の超大質量ブラックホールの質量は太陽質量の一二億倍と七億倍で、距離は〇・〇一三光年しか離れていないこともわかった。あと五〇〇年もすれば二個の超大質量ブラックホールは合体し、一つの超大質量ブラックホールになるだろう（図7・6）。そのとき、また重力波が放出されることになる。

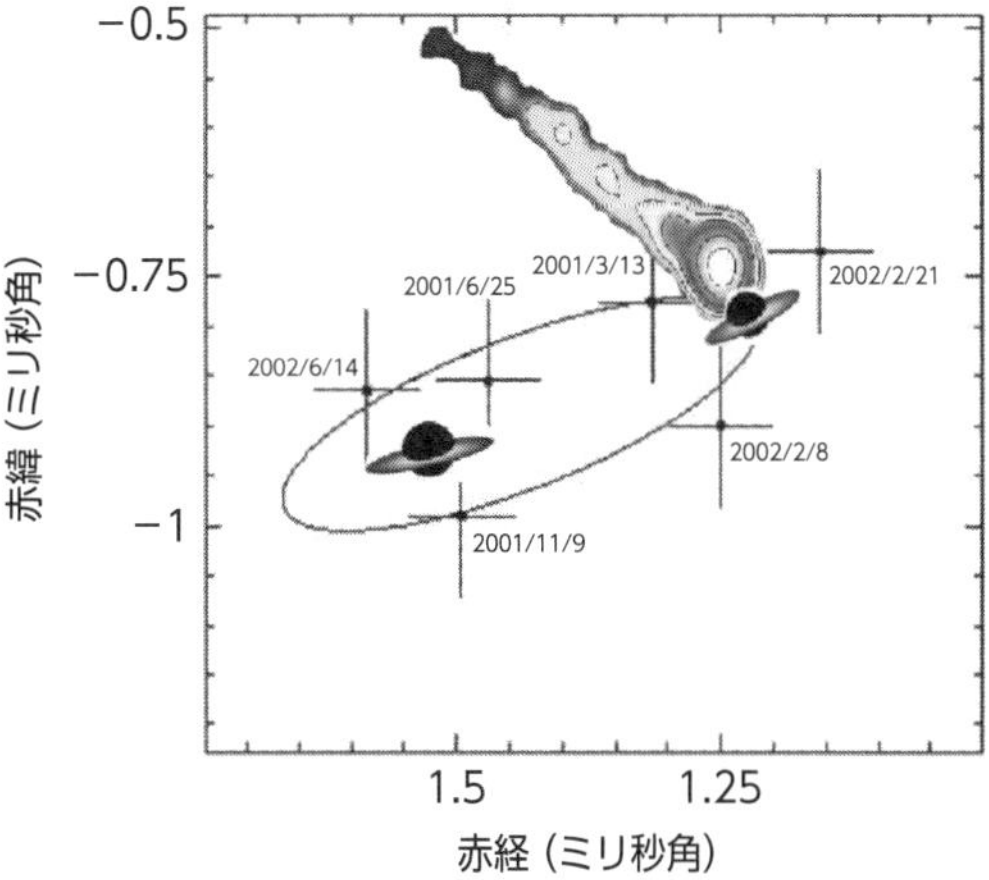

図7.5　3C 66Bで観測された電波ジェットの根元の位置の時間変化
この銀河では２個の超大質量ブラックホールがあり、約１年の周期で軌道運動している（イラスト）。〔須藤広志（岐阜大学）〕

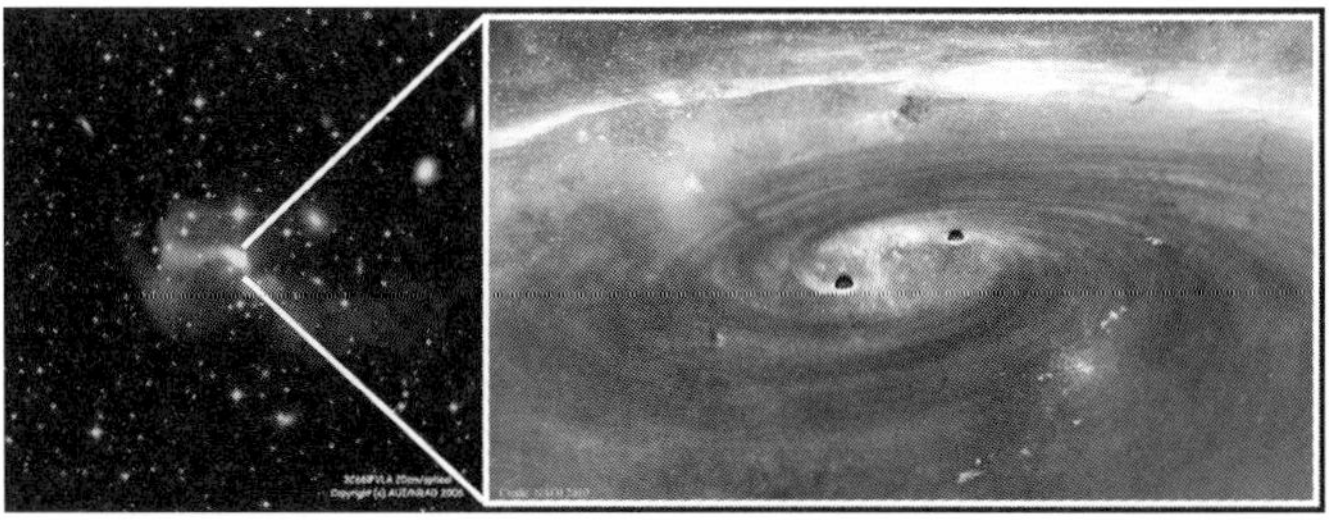

図7.6　電波銀河3C 66Bの中心核にある超大質量ブラックホール連星
（左）可視光と電波の合成画像。銀河本体を遥かにしのぐ電波ジェットが出ている。（右）超大質量ブラックホール連星が公転運動をする様子（イラスト）。口絵参照。
〔井口聖（国立天文台）〕

銀河の多重合体

今度は、クェーサーや電波銀河の中心に三個以上の超大質量ブラックホールが存在する可能性があるかどうか考えてみることにしよう。合体銀河なら可能性はある。三個以上の銀河が合体すればよいからだ。もちろん、合体に参加するすべての銀河の中心に超大質量ブラックホールがあるということが前提だ。

三個以上の銀河の合体は「多重合体」とよばれている。その候補は赤外線で明るく輝く「超高光度赤外線銀河[*3]（あるいはウルトラ赤外線銀河）」とよばれるものの中で見つかっている（図7・7）。これらの銀河では、複数の銀河が激しく衝突して大規模な星生成現象（スターバーストとよばれる現象[*4]）が発生している。

図7・8の画像は二〇〇〇年にNASAからプレスリリースされた。そのとき、私は研究会で名古屋にいたのだが、国際電話が私の携帯電話にかかってきた。共同通信のワシントン支局にいる記者の方からだった。

「NASAのプレスリリースに「Taniguchi」という名前があるのですが、谷口先生のことでしょうか？」

一瞬、何のことかわからなかったが、プレスリリースの内容を聞いて納得した。私は超高光度赤外線銀河が銀河の多重合体で生まれるという論文を一九九八年に米国の天体物理学誌に出していたのだ。プレスリリースでその論文が紹介されているとのことだった。思いついたアイデアはとにかく論文にしておくに限る。

図7・7に示した超高光度赤外線銀河の写真を見ると、確かに多重合体は起きている。しかし、宇宙のどんな場所で起こるのだろうか？　それは銀河群がある場所だ。銀河系もアンドロメダ銀河とともに、五〇個ぐらいの銀河からなる局所銀河群を形成している。しかし、その広がりは数百万光年もあり、銀河の多重合体がすぐに起きるような場所ではない。ところが、宇宙にはもっと密集した銀河の群がある。その例を図7・8に示そう。セイファートの六つ子とよばれる銀河群である。

＊2　これは私たちのチームの観測で二〇〇三年、Science誌で公表された(Sudou *et al.* (2003) Science, **300**, 1263)。

＊3　ここでいう赤外線は波長三〇〜三〇〇マイクロメートル（付録6、表A6・1参照）の「遠赤外線」とよばれるものだ。銀河の中にあるダスト（塵粒子）がスターバーストで生成された大質量星から放射される紫外線で温められて三〇〜五〇ケルビン程度の温度になる。これらのダストが熱放射として遠赤外線を出すのだ。ダストは元々合体に参加する銀河の中にもあったはずだが、スターバーストで生成された大質量星が超新星爆発を起こして死ぬときに大量の重い元素（炭素以降の元素）を放出するので、それらを原料にしてダストが大量にできる。

＊4　太陽の一〇倍以上の質量を持つ大質量星が数万個以上、一時期に生まれる現象。超高光度赤外線銀河では数億個もの大質量星が誕生している。大質量星の寿命は数百万年から数千万年であり、その後、みな超新星爆発を起こして死ぬ。その爆風波が重なり合い、高温（数百万度）のバブルをつくる。このバブルの圧力で銀河中のガスが吹き飛ばされる現象が起きる。これは「銀河風」あるいは「スーパーウインド」とよばれている。

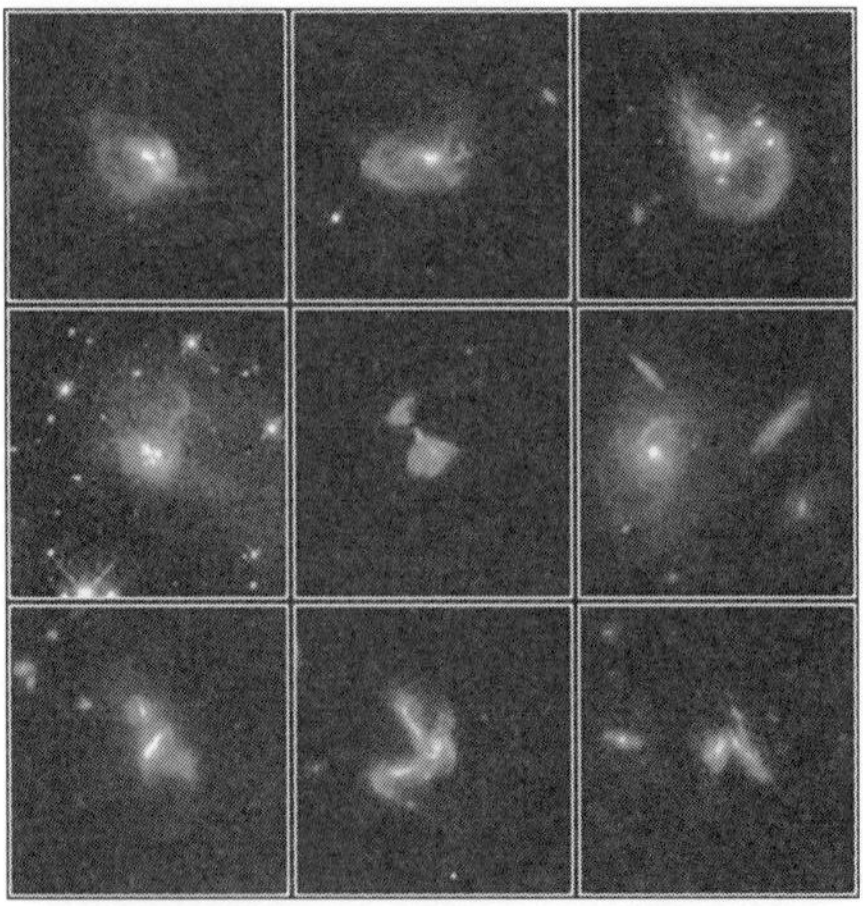

図7.7　ハッブル宇宙望遠鏡が撮影した超高光度赤外線銀河の可視光写真
〔NASA/ESA/STScI〕

図7.8　セイファートの六つ子とよばれるコンパクト銀河群
距離は約1.9億光年。セイファート銀河の名前になっている米国の天文学者カール・セイファートが1951年に発見した。　〔NASA, J.English (U. Manitoba), S.Hunsberger *et al.* (PSU), & L. Frattare (STScI)〕

このように数個の銀河が密集したものは「コンパクト銀河群」とよばれている。銀河系の周辺、一億光年以内には一〇〇個を超えるコンパクト銀河群が見つかっている。これらは一〇億年以内に合体して、一つの楕円銀河になっていくと考えられている。実際、コンピューター・シミュレーションを行うと、見事に合体していくことがわかっている。

クェーサーに住む日

さて、ここまで見てきたように、銀河同士(二個以上)の合体はクェーサーを生み出すメカニズムになる。広い宇宙では頻繁に銀河同士が合体しながら進化してきている。宇宙における銀河などの構造形成は重力が担っているので、それは宿命だ。クェーサーが見つかっても、不思議ではない。

では、銀河の合体は近くの宇宙では起こらないのだろうか? 銀河系の近くにはクェーサーはないのだろうか? 確かに、クェーサーは稀な天体の部類に入る。銀河一〇万個に対して一個ぐらいの頻度でしか観測されないからだ。

そのため、クェーサーといわれてもあまりピンとこない。何となく、他人事のように思ってしまう。しかし、じつは違う。数十億年後のことだが、私たちもクェーサーの住人になる日がくるからだ。

なぜ、そんなことになるのだろうか? それは私たちの住む銀河系も、重力に操られた宇宙にある銀河の一つだからだ。銀河の合体は我が身にも降りかかるのだ。

では、銀河系にどんな出来事が待ち受けているのだろう。それはアンドロメダ銀河との合体である。アンドロメダ銀河は銀河系から約二五〇万光年離れたところにある円盤銀河だ（図7・9）。銀河系の直径は一〇万光年だが、アンドロメダ銀河は一三万光年もある。当然だが、質量も銀河系より重い。

銀河系とアンドロメダ銀河。これら二つの銀河はこれから合体していくことが予想されている。現在、アンドロメダ銀河は秒速三〇〇キロメートルの速度で、銀河系に近づいてきている。これの意味するところは、二つの銀河はすでに重力的に相互作用していて、このあと衝突して、合体していく運命にあることだ（図7・10）。

いまから三七・五億年後。アンドロメダ銀河との最初の衝突が近づいてくる頃のことだ。夜空を眺めると、アンドロメダ銀河が悠然と輝いて見えるだろう（図7・11）。こうなると、アンドロメダ銀河を眺めるのに双眼鏡や望遠鏡は必要ない。ただ、夜空を見上げればそこに見えるからだ。

そして、四〇億年後に最初の衝突をするわけだが、そのとき一挙に一つの銀河になるわけではない。いったん、お互いにすり抜けてしまうが、強い重力のおかげで再び衝突する。もう一回すり抜けるが、三回目の衝突で二つの銀河は一つの巨大な銀河に姿を変えていく。これらの衝突の過程で、二つの銀河の円盤は壊れ、球のような銀河になる。ハッブルの銀河分類でいうと楕円銀河だ。

いまから七〇億年後には、合体の痕跡もあらかた消えてしまう。そのため、夜空を眺めると、ただぼうっと星々が輝いて見えるだけになってしまう（図7・12）。私たちは楕円銀河の住人になっている

図7.9　アンドロメダ銀河の可視光写真
二つの衛星銀河も見えている；NGC 205（右上）とM 32（アンドロメダ銀河の中心部の下側に見えるやや小さな銀河）。　〔HSC Project / 国立天文台〕

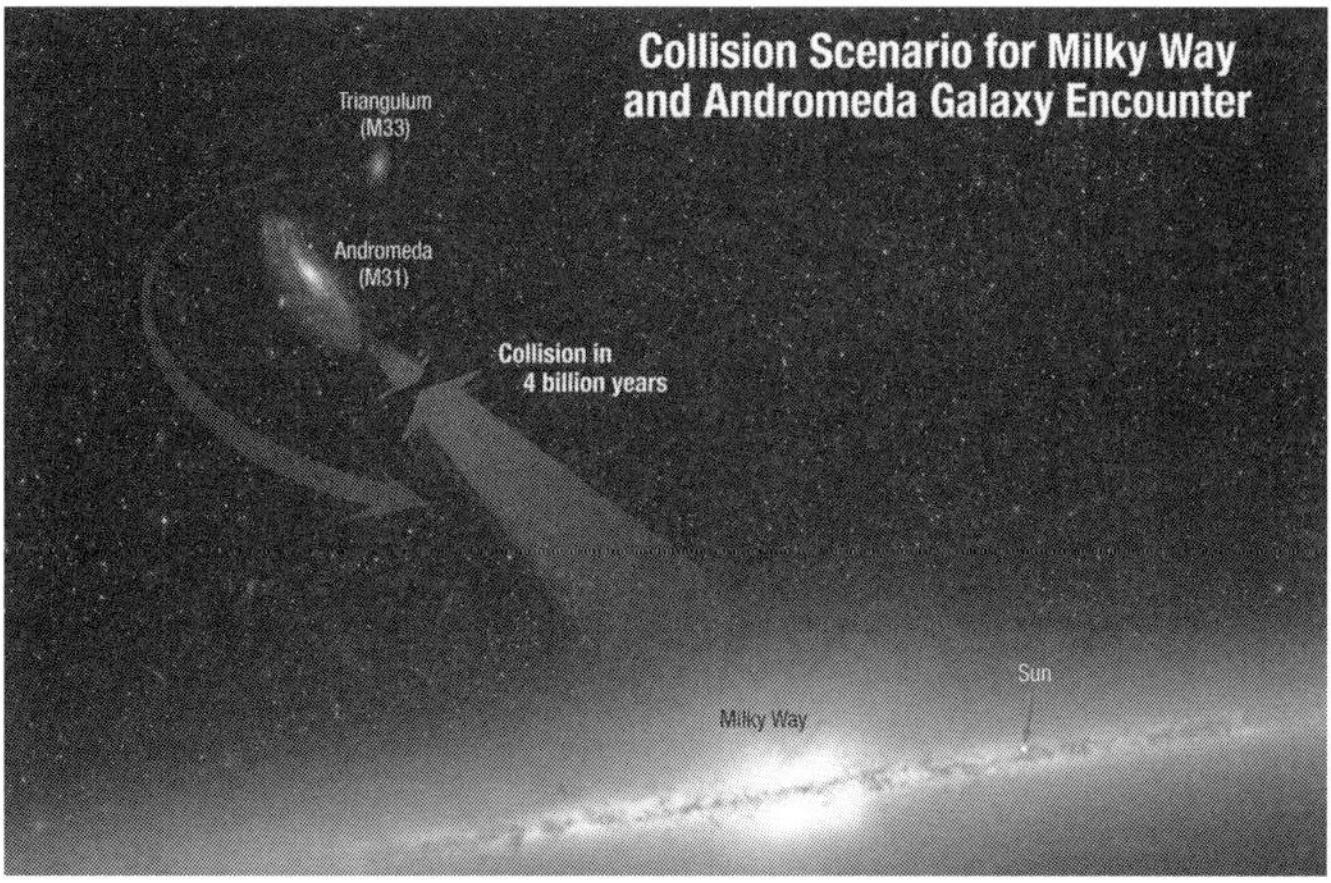

図7.10　銀河系とアンドロメダ銀河の衝突
〔NASA; ESA; A. Feild & R. van der Marel, STScI〕

のだ。夜空を望遠鏡で詳しく眺めても、星々があるだけだ。何とも退屈な夜空になってしまうのだ。少なくともこれだけはいえる。天体観望をするならいまのうちだ。さあ、双眼鏡や望遠鏡を買いに行こう。そして、夜空を眺めよう。そこには美しい天の川、そして星雲や星団が見えるだろう。実のところ、私たちは美しい夜空を楽しめる時代に生きているのだ。

七〇億年後には太陽はすでに死んでいるが、仮にあったとすれば合体した銀河のどの辺りにいることになるのだろう。あまり意味のない疑問だが、気になることは確かだ。そこで、合体の過程で太陽の位置がどのように変化していくかを図7・13に示した。太陽は（あるとすればだが）巨大な銀河の端のほうにいることがわかる。そのため、図7・12のような夜空が見えてしまうのだ。

最後に、アンドロメダ銀河と天の川銀河の衝突過程をまとめておこう（図7・14）。完全合体まで七〇億年。長い道のりだ。その道のりを越えて、天の川銀河は消えていく。同時にアンドロメダ銀河も消えていく。銀河の合体は非情だ。しかし、これが宇宙の掟《おきて》なのだ。どの銀河にも訪れる出来事なのだ。

こうして、銀河系とアンドロメダ銀河は合体して一つの巨大な楕円銀河になっていく。その際、合体銀河の中心はどうなっているのだろう。この合体では、銀河系とアンドロメダ銀河が主役を務める。しかし、両者の衛星銀河も合体に巻き込まれていく。

アンドロメダ銀河の二つの衛星銀河であるNGC 205とM32も合体に参加する（図7・14）。また、

図7.11　いまから37.5億年後、秋の夜空に見えるアンドロメダ銀河と天の川
〔NASA; ESA; Z. Levay & R. van der Marel, STScI; T. Hallas; & A. Mellinger〕

図7.12　いまから70億年後に見える、天の川の消えた退屈な夜空
〔NASA; ESA; Z. Levay & R. van der Marel, STScI; T. Hallas, & A. Mellinger〕

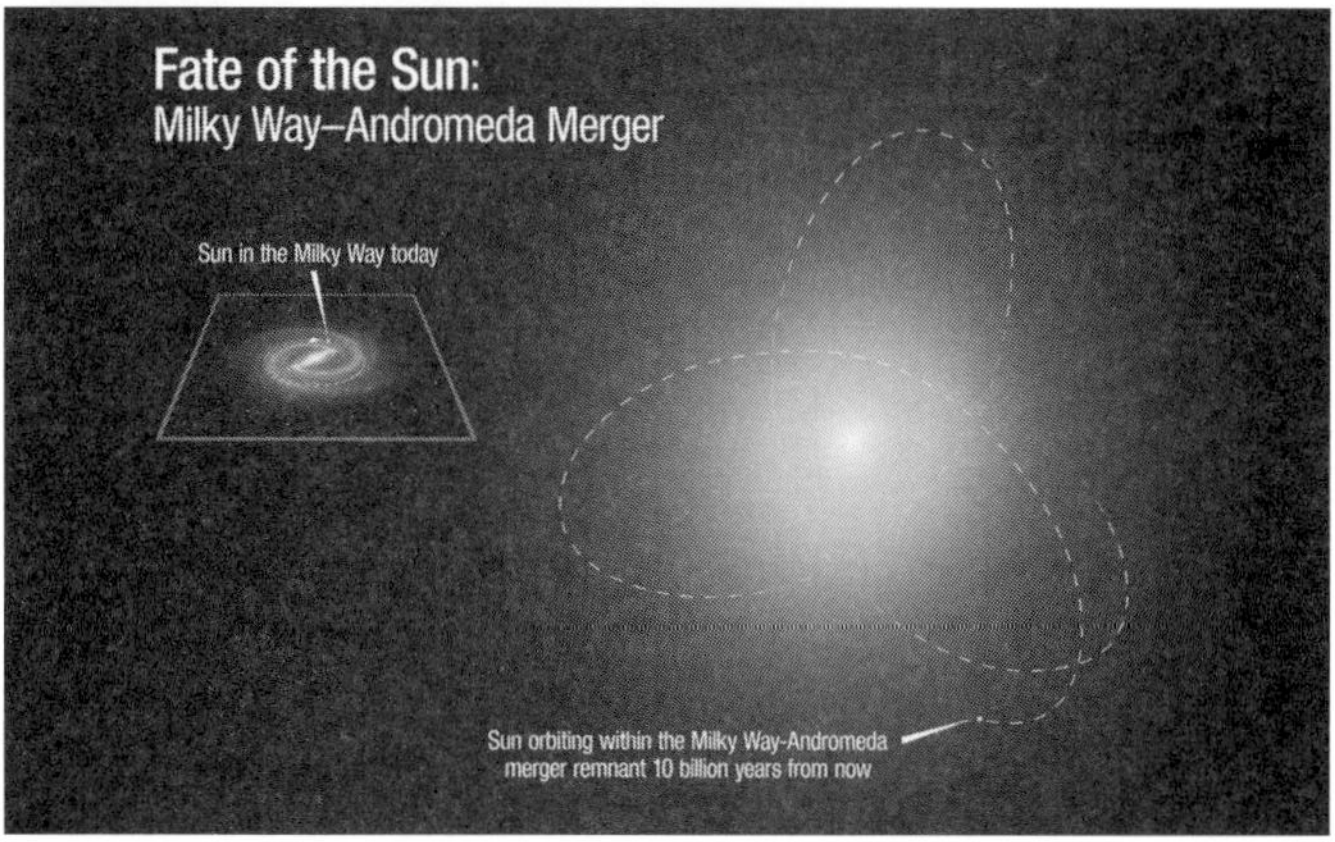

図7.13　合体の過程で太陽の位置がどのように変化するかを示す（点線）
矢印の位置は100億年後の位置。なお、現在の天の川銀河では、太陽は銀河の中心から約3万光年離れた場所にいる（左上の小さな図）。〔NASA, ESA & A. Feild & R. van der Marel (STScI)〕

銀河系の場合は大マゼラン雲や小マゼラン雲が合体に参加することになる。さらに「さんかく座」に見える渦巻銀河M33も合体に参加する。これらの銀河の中で、中心部に超大質量ブラックホールを持つ銀河が三個ある。アンドロメダ銀河、銀河系、そしてアンドロメダ銀河の衛星銀河であるM32だ。それぞれの中心にある超大質量ブラックホールは次のようになっている。

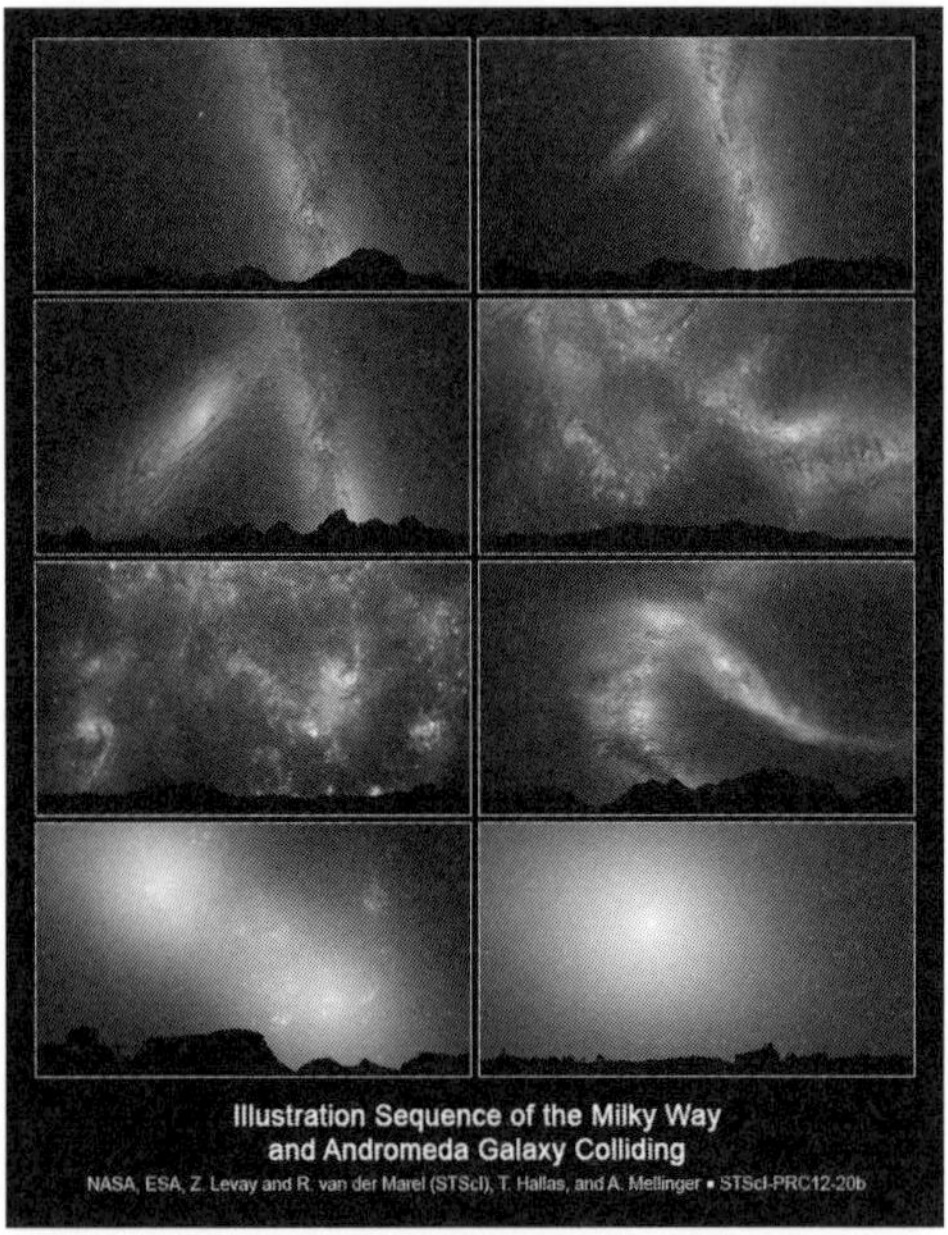

図7.14　アンドロメダ銀河と銀河系の衝突過程
1段目左＝現在、1段目右＝20億年後、2段目左＝37.5億年後（ここまでは単にアンドロメダ銀河が銀河系に近づいてくるだけだ）、2段目右＝38.5億年後、3段目左＝39億年後、3段目右＝40億年後、4段目左＝51億年後（この間、アンドロメダ銀河と銀河系は激しく相互作用して形態は乱れる。また、星の生成も活発になっている）、4段目右＝70億年後（この段階で二つの銀河は巨大な一つの楕円銀河になっている）。
〔NASA; ESA; Z. Levay & R. van der Marel, STScI; T. Hallas, & A. Mellinger〕

アンドロメダ銀河　：$1.4 \times 10^8 M_{太陽}$
銀河系　：$4.3 \times 10^6 M_{太陽}$
M32　：$2.5 \times 10^6 M_{太陽}$

これらの超大質量ブラックホールは合体した銀河の中心で合体し、一つの超大質量ブラックホールになっている。したがって、最低でも$1.4 \times 10^8 M_{太陽}$の質量を持っている。しかし、もっと重くなっていることが予想される。なぜなら、合体の途上、それぞれの超大質量ブラックホールはガスや星を飲み込みながら成長していくからだ。仮に、一年間あたり$0.1 M_{太陽}$の質量を獲得したとしてみよう。このペースで七〇億年経過すると、約$7 \times 10^8 M_{太陽}$の質量になる。元々あった超大質量ブラックホールの質量を考慮すれば、最終的には太陽質量の一〇億倍もの質量を持つ超大質量ブラックホールができあがることになる。

活動銀河中心核で最も明るいクラスの天体はクェーサーである（付録2を参照）。クェーサーの光度は太陽光度の一兆倍以上だが、この明るさを担える超大質量ブラックホールの質量は太陽質量の一億倍である。もちろん、一年間あたり太陽質量程度のガスが降り積もらなければ輝かない。*5 しかし、合体銀河の中心にはガスがたくさん集められているので、この程度のガスの降着は簡単に起こり得る。

銀河系とアンドロメダ銀河は合体して一つの巨大な楕円銀河になったときに予想されることは、その銀河の中心にはクェーサーが宿るということである。なんと、私たちは数十億年後、中心にクェーサーを擁する銀河に住むことになるのだ。いまのうちから、クェーサーとは何か、よく勉強しておいたほうがよさそうだ。

セイファート銀河の秘密

さて、ここまで見てきたように、クェーサーや電波銀河の多くは合体銀河である。ＥＨＴのサンプルでもOJ 287と3C 279には超大質量ブラックホールが二個あるので、これらも合体銀河である。合体が進行すると、合体の証拠である潮汐腕などの形態の歪みが消えていくので、実のところ合体銀河かどうかを判定するのは難しい。

ただ、現状の研究ではクェーサーは銀河の合体で生まれるという理解が受け入れられている。そのシナリオをまとめると以下のようになる。

・ガスを持つ渦巻銀河が合体する（個数は二個以上）
・合体すると、まず激しいスターバーストが発生する
・それは超高光度赤外線銀河として観測される
・合体が進行して中心にある超大質量ブラックホールにガスが降着し始めると、クェーサーとして

観測されるようになる
・中心核がよく見えるようになるのは、スターバーストのあとに発生するスーパーウインドが銀河の中にあるガスやダストを吹き払ってくれるためである

これがクェーサーに対する銀河の合体モデルである。

近傍の宇宙を調べると、クェーサーよりは暗いセイファート銀河とよばれる活動銀河中心核を持つ銀河がある（付録2参照）。このセイファート銀河はどのようにして誕生するのだろうか？　見た目は普通の渦巻銀河に見える。

ところが、最近面白い観測事実が見つかった。それはNGC 1068（M77）とよばれるセイファート銀河である（図7・15）。中央に近い部分にある渦巻腕では活発に星が誕生している。そして、それらを取り巻くように、外側にも渦巻腕がある。全体的に非対称性は見えず、美しい渦巻銀河として観測される。とても合体銀河には見えない。

ところが、この銀河をすばる望遠鏡で観測すると世界が変わる[*6]（図7・16）。周辺に淡い構造が見

＊5　アンドロメダ銀河の中心にある超大質量ブラックホールの質量は太陽質量の一億倍を超えている。しかし、きわめて弱い活動性しか観測されていない（活動性の分類はライナーである。ライナーについては付録2を参照）。それは、ガスの降着率が現在は非常に低いためだと考えられている。

図7.15　スローン・デジタル・スカイ・サーベイ（SDSS）の口径2.5 m反射望遠鏡で撮影されたNGC 1068
〔M. R. Blanton〕

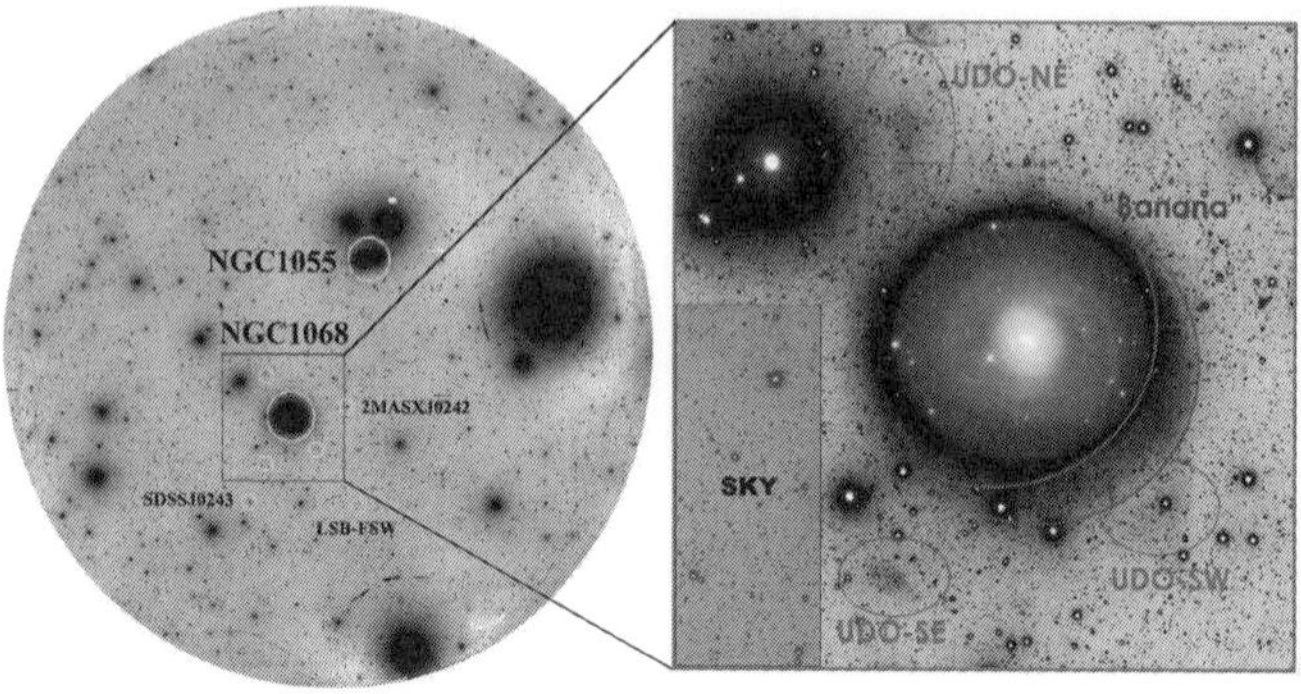

図7.16　すばる望遠鏡のHSCで観測された NGC 1068
（左）HSCの視野全体。視野の広さは1.5平方度。（右）NGC 1068 の周辺にある3個のUDOs と円盤外縁部にあるバナナ（Banana）構造。イメージサイズは23×23分角。
〔I. Tanaka *et al*. (2017) PASJ, **69**(6) 90〕

えてくる。図中のUDOと示された部分である（Ultra Diffuse Object の略）。また、円盤の右側には一本腕の構造まで見えてくる（バナナとよばれている）。

注意深く見ると、UDO-NEとUDO-SWは一つのリング構造になっていると考えてよい。私たちの得た結論をまとめたのが図7・17である。すばる望遠鏡で新たに見つかった淡い構造の成因は「衛星銀河の合体」しかない。つまり、このセイファート銀河はいまから数十億年前に衛星銀河を飲み込んだのだ。

また、もう一つ面白いことがわかっている。それはこの銀河の中心領域にも星々の運動に乱れがあることだ。このような乱れを説明するには、それなりの質量を持ったものが、銀河の中心領域にやってきたとするのが自然だ。つまり、合体してきた衛星銀河は中心に超大質量ブラックホール（おそらく質量は太陽の一〇〇万倍程度）を持っており、それがNGC 1068の中心に到達しているということだ。詳しく調べれば二個の超大質量ブラックホールが今後の観測で見つかるかもしれない。

図7・18のイラストに示してあるように、NGC 1068にも電波ジェットが観測されている。電波

＊6　この研究成果は私たちのグループによるものである。二〇一七年一〇月三〇日に、すばる望遠鏡からプレスリリースされた。https://www.subarutelescope.org/Pressrelease/2017/10/30/j_index.html

銀河で観測される巨大なジェットではなく、中心領域に見られるものだ。そのため中心核ジェットとよばれている。

じつは、この中心核ジェットには不可思議な性質がある。銀河本体の円盤に対して、斜めに出ているのだ（図7・18）。

NGC 1068の中心に超大質量ブラックホールがあり、その周りに降着円盤があるとしよう。降着円盤のガスは銀河の円盤から供給されるので、銀河の円盤と同じ回転運動をしていることが予想される。そこから電波ジェットが出るとすれば、ジェットの向きは銀河円盤に直交しているはずだ（銀河円盤の回転軸方向に出る）。しかし、そうなってはいない。

これを自然に説明するのは、やはり衛星銀河の合体だ。一般に、衛星銀河の合体はさまざまな方向から起こる。つまり、銀河円盤に対して、傾いた方向から衛星銀河が合体してくるほうが普通だろう。衛星銀河の中心に超大質量ブラックホールがあれば、それが最終的にNGC 1068の中心核に向かって落ちていく。衛星銀河の軌道は銀河円盤に対して傾いているので、降着円盤はその軌道面内に形成される。そのため、中心核ジェットも傾いて出るというわけだ（図7・19）。

セイファート銀河は比較的近傍の宇宙にあり、見かけの等級も明るい。しかし、その正確な形態を調べるのは思ったより難しい。現在では、近傍の銀河の形態はスローン・デジタル・スカイ・サーベイ（SDSS）のデータベースを用いることが多い。口径二・五メートルの専用反射望遠鏡で撮影されたデー

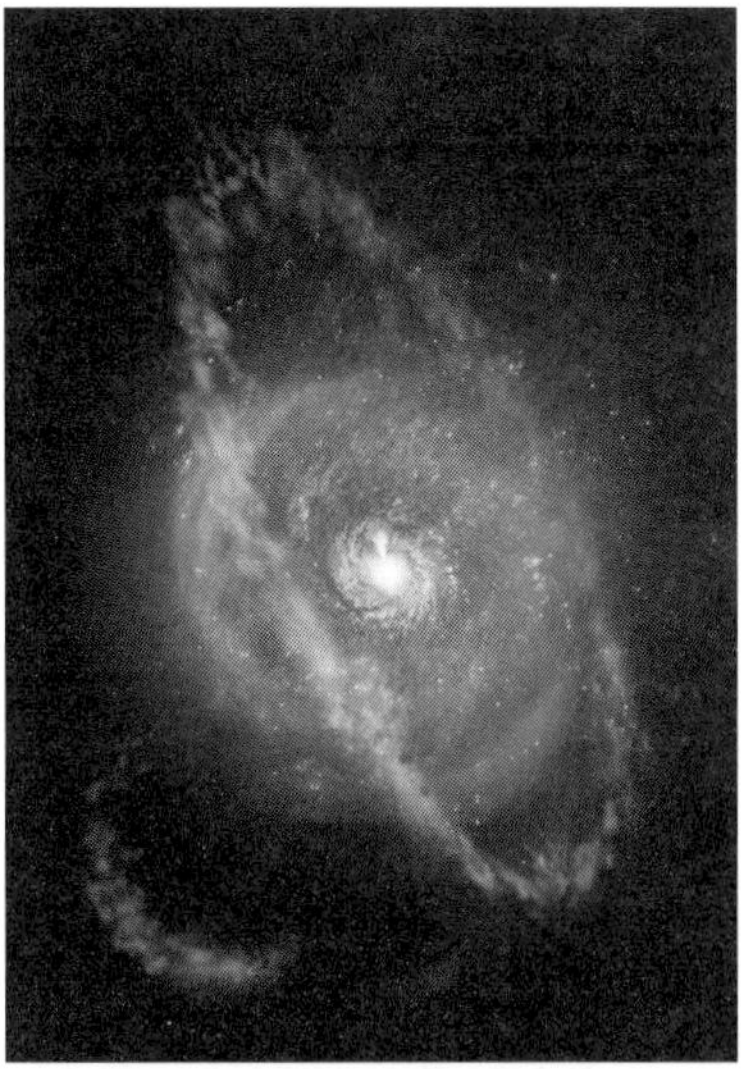

図7.17　NGC 1068を取り囲むループ構造と円盤の外縁部にある淡い構造を示したイラスト
銀河の中心からはジェットが吹き出ている。　〔イラスト：池下章裕〕

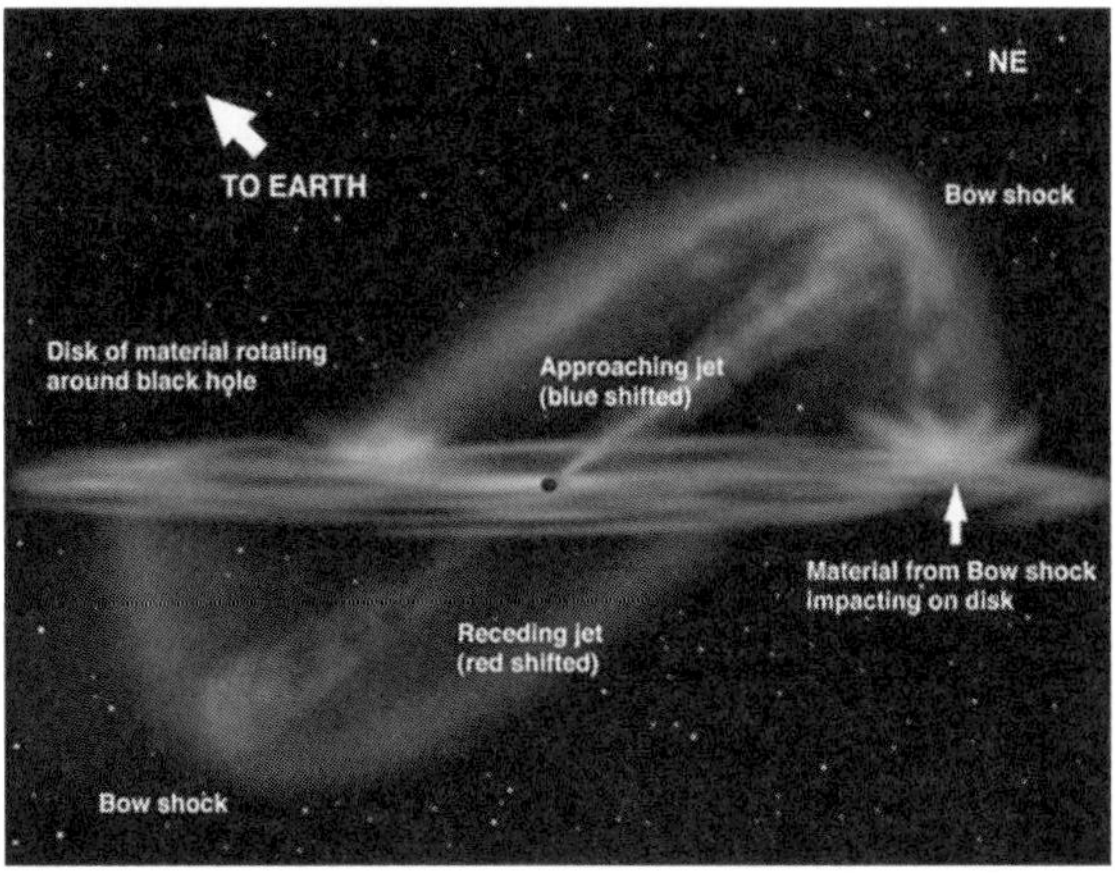

図7.18　NGC 1068の中心核ジェットは銀河本体の円盤に対して、斜めに出ている
〔G. Cecil *et al.* (2002) ApJ, **568**, 627〕

タだ。ところがSDSSのデータで近傍銀河の詳しい形態は調べられない。それは図7・20を見れば一目瞭然だ。

セイファート銀河の形態をすべて見直さないと、セイファート銀河で何が起きたのかを判定することはできない。そこで、私たちのチームはすばる望遠鏡を使って、代表的なセイファート銀河の形態の詳細な調査を始めたところだ。

せっかくなので、もう一例、代表的なセイファート銀河を見ておくことにしよう。今度はNGC 3227という銀河だ。この銀河は楕円銀河NGC 3226と相互作用している（図7・21）。

この銀河をカナダ・フランス・ハワイ望遠鏡を用いて長時間露光で撮影した写真を見ていただきたい（図7・22左）。NGC 3227を取り巻く巨大な淡い構造が見えている。また、M77と同様に、この銀河の中心部で非対称な構造が見つかっている（図7・22右）。NGC 3227の中心領域に、何か質量を持ったものが落ち込んできた証拠だ。

NGC 3227－NGC 3226を取り囲む複雑な構造は何を意味するのだろう？　それは、このシステムはいま初めて相互作用したものでは

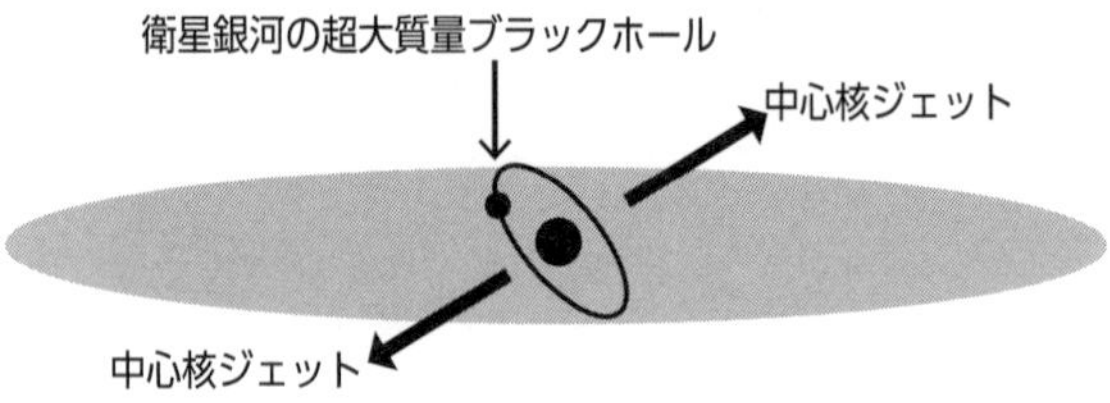

図7.19　NGC 1068の衛星銀河の合体で、傾いた中心核ジェットが出る様子

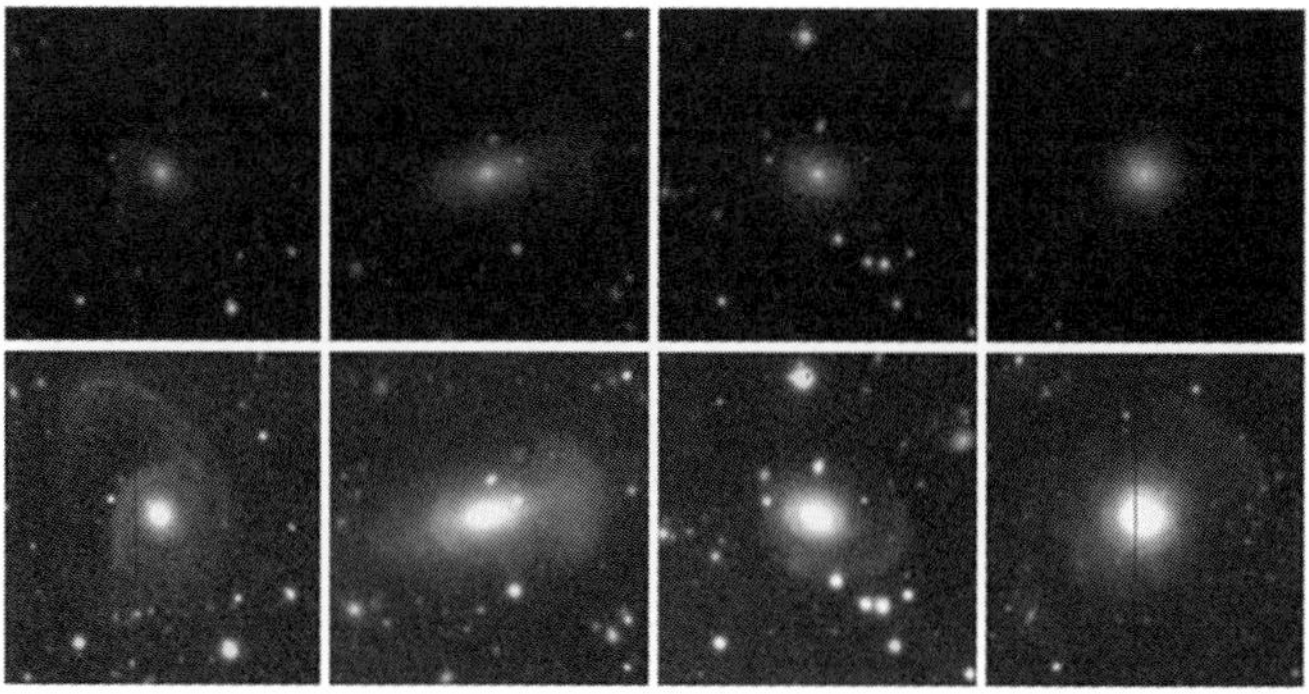

図7.20 （上段）SDSSのオリジナルデータで見た銀河の例。（下段）SDSSオリジナルより3等級深い観測を行ったもの
オリジナルでは見ることのできない淡い構造が見えてくる。これらの淡い構造は銀河の合体で形成されたことは自明である。 〔K. Schawinski *et al.*（2010）ApJ, **714**, L108〕

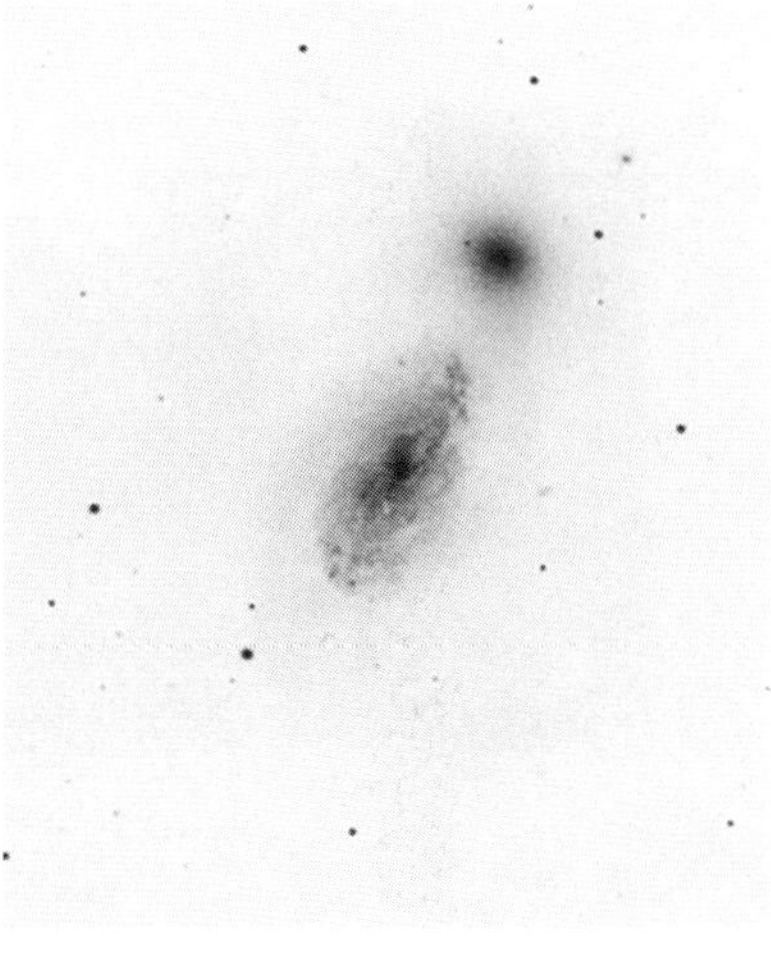

図7.21 セイファート銀河 NGC 3227（中央に見える渦巻銀河）
その右上に見えるのは相互作用している楕円銀河 NGC 3226。 〔パロマー天文台、口径 5 mのヘール望遠鏡による写真〕

なく、すでに何回か、お互いの周りを周回運動してきたことである。おそらく、その過程でどちらかの銀河に付随していた衛星銀河がNGC 3227に飲み込まれていったのだろう。そして、その銀河の中心には超大質量ブラックホールがあったとすれば、NGC 3227の中心部で見つかった非対称な構造の謎は解ける。

合体統一モデル

さて、こうして見てくると、クェーサーより暗いセイファート銀河は衛星銀河の合体で発生する可能性が高い。大事な点は、合体してくる衛星銀河もその中心に超大質量ブラックホールを持っていることだ。それでなければ、銀河の中心まで落ちていくことができない。超大質量ブラックホールを持っていない衛星銀河が合体した場合は、衛

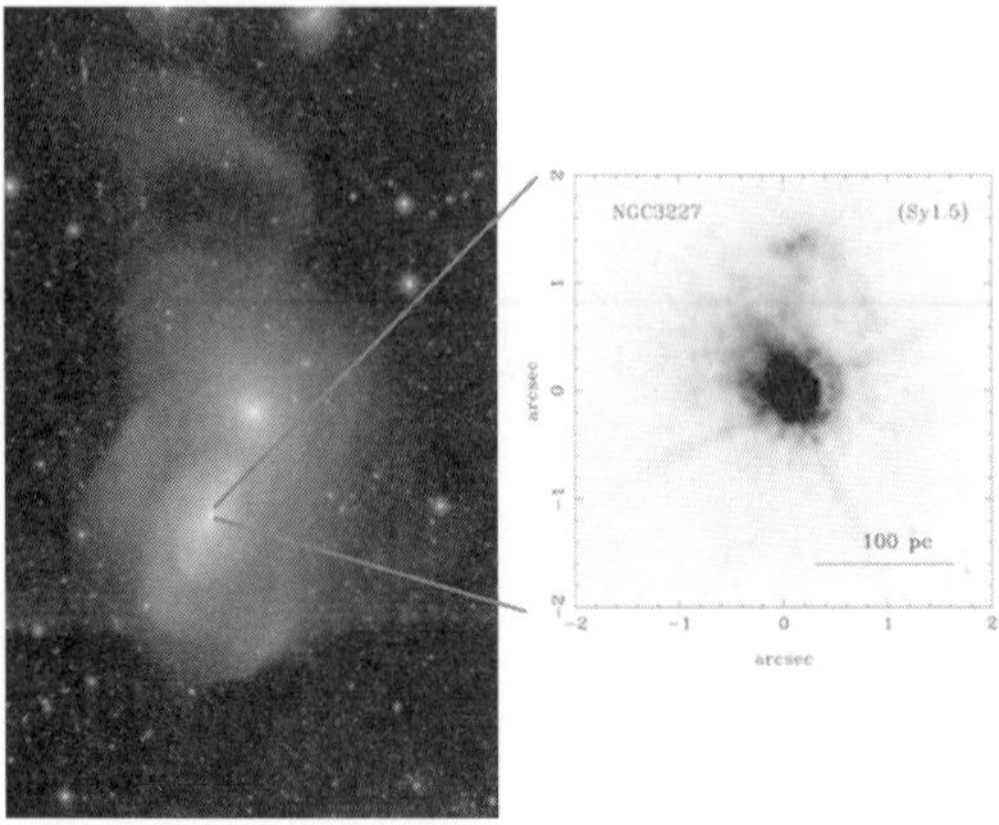

図7.22 (左) NGC 3227 – NGC 3226 システムのカナダ・フランス・ハワイ望遠鏡を用いて長時間露光で撮影した写真。(右) NGC 3227の中心領域の写真
〔V. M. Muñoz Marín *et al*. (2007) AJ, **134**, 648〕

星銀河の星々は合体していく途中で、銀河本体に紛れてしまい、中心まで落ちていくことはない。つまり、セイファート銀河は生まれないのだ。

ここで、いったんまとめておこう。

・クェーサーは超大質量ブラックホールを中心に持つ普通の銀河同士の合体で生まれる（二重合体でも多重合体でもよい）

・セイファート銀河は超大質量ブラックホールを中心に持つ普通の銀河に超大質量ブラックホールを中心に持つ衛星銀河が合体して生まれる

合体は英語ではマージャーとよばれる。そのため、以下のような名称がつけられている。

・普通の銀河同士の合体＝メジャー・マージャー（major merger）

・衛星銀河の合体＝マイナー・マージャー（minor merger）

ところで、クェーサーの場合、その前段階で激しいスターバーストが起きて、超高光度赤外線銀河というフェーズを経験する。セイファート銀河の場合はどうなのだろう。じつは、同じようなプロセスを経ることがわかっている。

図7・23を見ていただこう。これは円盤銀河に衛星銀河が合体するコンピューター・シミュレーショ

ンである。超大質量ブラックホールの質量はそれぞれ太陽質量の一〇〇〇万倍と一〇〇万倍にしてある。[*7] 円盤銀河の円盤面に対して四五度の角度で衛星銀河が合体していくものだ。衛星銀河の超大質量ブラックホールが円盤銀河の中心に近づくにつれて、円盤銀河の中にあったガスが激しい擾乱《じょうらん》を受ける。超大質量ブラックホールの質量が異なるので、非対称的な渦構造ができる。そこではガスが圧

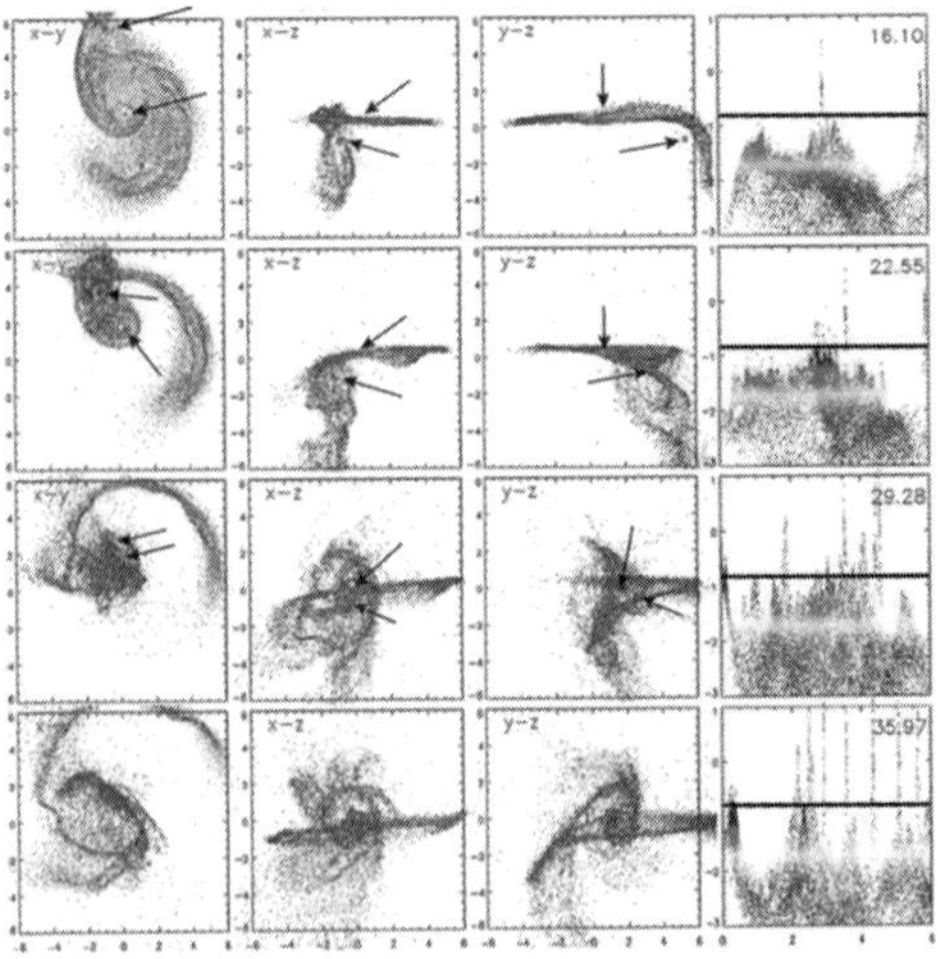

図7.23 円盤銀河に衛星銀河が合体するコンピューター・シミュレーション

合体が始まってからの経過時間は右のパネルの右上に示してある。単位は100万年である。円盤銀河と衛星銀河の超大質量ブラックホールの場所は矢印で示されている。（左）x-y平面（銀河面）、（左から二番目）x-z面、（左から三番目）y-z面での形態の変化。一番右のパネルはガス密度（縦軸）を円盤銀河の中心からの距離の関数として示したもの。各パネルにある太い横線は重力不安定性が起こり、星が生まれる密度。一番右下のパネルを見るとわかるように、最終段階では中心領域で激しい星生成が起きている。〔和田桂一、論文：Y. Taniguchi & K. Wada (1996) ApJ, **469**, 581〕

縮され、星が生まれる。つまり、スターバーストが起きるのだ。銀河の中心領域で発生するので「中心領域スターバースト」とよばれている。

このあと、超大質量ブラックホール連星ができあがり、円盤銀河はセイファート銀河に進化していく。これで役者はそろった。やはり、下記のまとめでよかったのだ。

・クェーサーは超大質量ブラックホールを中心に持つ普通の銀河同士の合体で生まれる（二重合体でも多重合体でもよい）

・セイファート銀河は超大質量ブラックホールを中心に持つ普通の銀河に超大質量ブラックホールを中心に持つ衛星銀河が合体して生まれる

いずれのプロセスでも、途中にスターバーストのフェーズが入る。よい対称性だ（図7・24）。

こうして、活動銀河中心核の発現に対する、銀河合体統一モデルを構築するところまでやってくることができた。現在受け入れられている銀河の形成と進化のシナリオは、「銀河は合体で成長する」というものだ。その意味では、活動銀河中心核の銀河合体統一モデルは受け入れやすい。

＊7　セイファート銀河の光度を説明する超大質量ブラックホールの質量は太陽質量の一〇〇〇万倍程度である。一方、クェーサーの場合は太陽質量の一億倍以上が要請される。

私たち研究者は自分の立場で物事を考えがちだ。独りよがりというやつだ。しかし、私は常々自分にいい聞かせている。

「銀河の立場に立って考えよ」

これが研究における、私の座右の銘である。

M87の場合

さて、ここで、EHTで観測されたM87のブラックホール・シャドウに戻ろう（図7・25）。

このブラックホール・シャドウの解析からわかったことは、ブラックホールの見かけの形状はほぼ円だということである。つまり、三次元の形状では球だ。シュバルツシルト・ブラックホールである（付録1参照）。

実のところ、私は銀河の中心にある超大質量ブラックホールは多かれ少なかれ角運動量を持っているの

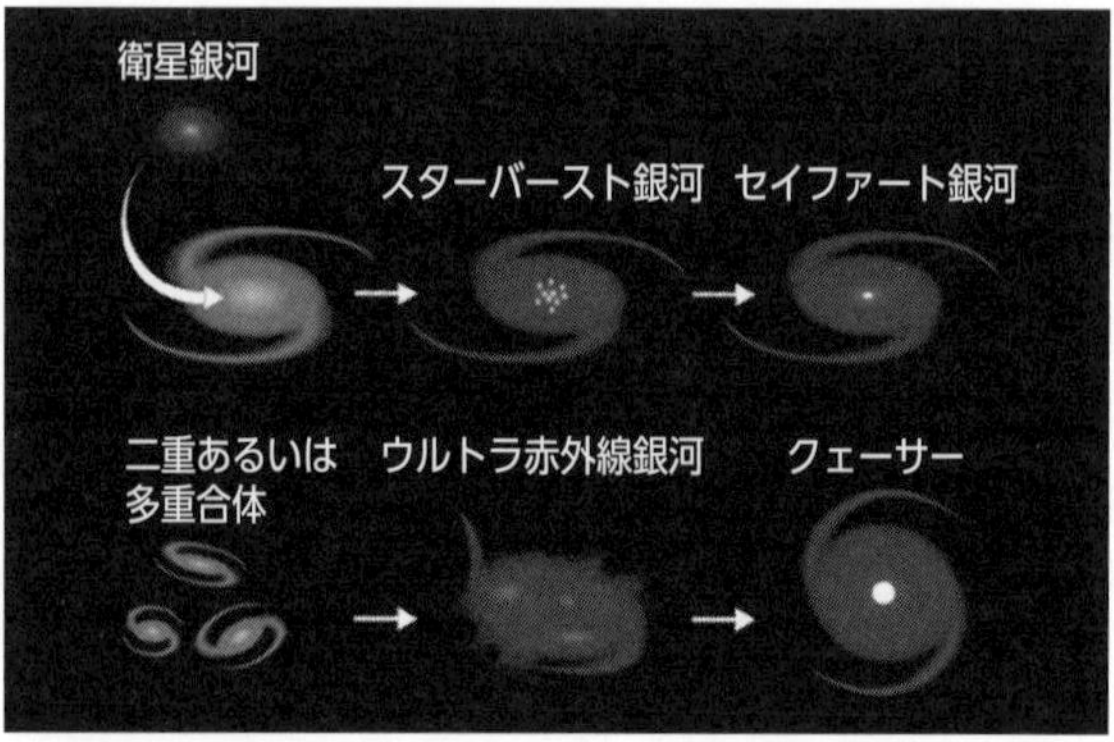

図7.24　活動銀河中心核の発現に対する、銀河合体統一モデル
〔Y. Taniguchi（2013）ASPC, **477**, 265;『巨大ブラックホールと宇宙』谷口義明、和田桂一 著（丸善出版、2012)〕

で、カー・ブラックホール（付録1参照）だと考えていた。超大質量ブラックホールの性質は、超大質量ブラックホールがどうやって形成されたかによる。仮に、最初に比較的軽い「種」ブラックホールが生まれ、その後、ガスや星を飲み込みながら成長したとしよう。この場合でも、降り注ぐガスや星は銀河の円盤の中にあるものなので、回転している。つまり、ブラックホールには角運動量が供給されることになる。また、仮に二つの超大質量ブラックホールが合体した場合は、お互い軌道運動しながら近づき、合体していく。したがって、軌道角運動量ができあがった超大質量ブラックホールに取り込まれる。つまり、さまざまなパスを考えても、超大質量ブラックホールは角運動量を持って生まれることが予想されるのだ。

では、M87の超大質量ブラックホールがカー・ブラックホールである可能性は否定されるのだろうか？　じ

図7.25　EHTで観測されたM87のブラックホール・シャドウ
〔EHT Collaboration〕

つは、そうではない。図7・26を見ていただきたい。M87にカー・ブラックホールがあるが、私たちが自転軸方向から眺めると、見かけの形状は円に見える。自転軸の向き（私たちに向いているか、反対方向に向いているか）と自転の方向（左回りか右回りか）の組み合わせで四通りのケースがあり得る。確率は小さいが、可能性は否定できない。

ただ、一つ問題がある。図7・26の場合、降着円盤はカー・ブラックホールの赤道面にあることが予想されるので、電波ジェットは私たちの方向に向かって出るか、逆に反対向きに出るかのいずれかのケースになる。ところが、M87のジェットは視線とは明らかに異なる方向に出ている（図3・4、3・5）。つまり、図7・27のようになってしまうのだ。

電波ジェットの形成メカニズムはまだ完全に理解されているわけではない。それが明らかにならない限り、結論は出せそうもない。EHTの今後の観測で電波ジェットの根元の様子が見えてくれば、正しい理解に近づくことができるだろう。

ところで、前項で、活動銀河中心核の銀河合体統一モデルの話をした。銀河の合体は、超大質量ブラックホールの合体が起こることを意味する。実際、いくつかの活動銀河中心核には超大質量ブラックホール連星があることもわかっている。では、M87の中心には超大質量ブラックホールは一個しかないのだろうか？　二個以上あれば、ブラックホール・シャドウの形は歪んで観測されるだろう。しかし、観測事実はほぼ円である。

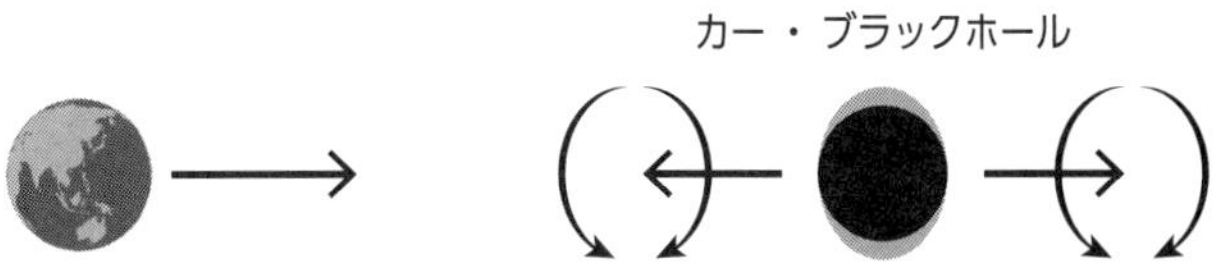

図7.26　M87にカー・ブラックホールがあっても、見かけの形状が円に見える場合
ブラックホールの周りにあるグレーの領域はエルゴ領域である（付録1参照）。

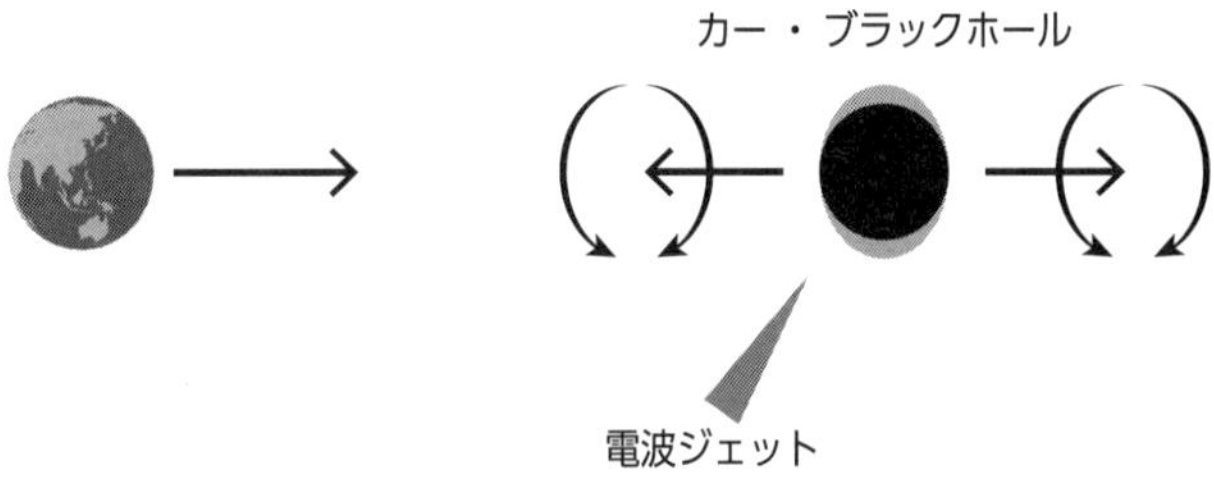

図7.27　M87にカー・ブラックホールがあり、見かけの形状が円に見える場合
電波ジェットは視線とは異なる方向に出ている。

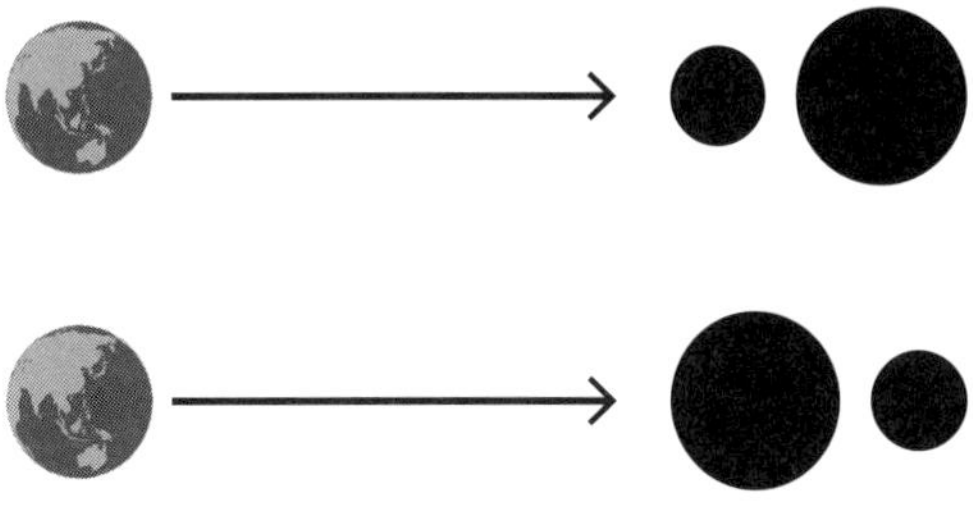

図7.28　超大質量ブラックホール連星が視線上に並んでいる場合、ブラックホール・シャドウはほぼ円に見えてもよい

それでも二個の可能性は残されている。図7・28に示したように二個の超大質量ブラックホールが視線上に並んでいる場合である。確率は小さいが、ゼロではない。確認するには、長い期間に及ぶモニター観測が必要になるだろう。超大質量ブラックホールが二個ある場合、お互いの周りを軌道運動している。そのため、時々刻々と位置がずれていく。その性質を利用すればよいのだ。

第8章　EHTの行方

日本で第二番目のスペースVLBI計画であるVSOP-2用の宇宙電波天文台
〔JAXAウェブサイトより。朝木義晴氏作成のペーパークラフト〕

ＥＨＴの課題

ＥＨＴはついにブラックホール・シャドウを見た。これはブラックホールの存在を直接示した画期的な成果である。この最後の章ではＥＨＴの今後について考えてみることにしよう。天体の観測。これには次の項目が必須である。

・感度を上げる（大口径電波望遠鏡の参加）
・視力を上げる（より高い角分解能を実現する）

ＥＨＴのみならず、すべての観測について要請されることだ。

電波干渉計は観測そのものも難しいが（付録3参照）、データ解析もそれに輪をかけて難しい。今回のデータ解析でも、スパースモデリング（付録4参照）という新たな統計学的な手法が採用され、高い効果が発揮された。このモデルの改良も必須のアイテムになるだろう。

また、同時にブラックホール・シャドウの理論的な研究も推進していく必要がある。ブラックホールは宇宙で一番単純な天体である。質量、角運動量、そして電荷しか持っていないからだ（付録1参照）。しかし、あらゆるケースを考慮に入れて、ブラックホール・シャドウの姿から、シャドウに隠されているブラックホールの性質を見極めるよりよいツールが必要である。

また、第6章で述べた、電波ジェットの形成メカニズムの探求である。これはＥＨＴに託された課題である。

いろいろな課題はあるが、この章では視力を上げることに焦点を当てて考えていこう。感度を上げることは、いまより多くの電波望遠鏡に参加してもらうことで、逐次解決していくだろう。

短い波長で見る

あらゆる波長帯での観測でいえることだが、観測する波長を短くすればするほど、解像度はよくなる。これは回折限界が小さくなるためだ（付録3参照）。

今回、EHTはM87を波長一・三ミリメートルの電波で観測した。この波長を短いほうへずらしていくのだ。たとえば、候補となる波長帯は〇・八五ミリメートルなどである。

回折限界が小さくなるので、ブラックホール・シャドウをより鮮明に見ることができるようになる。ブラックホール・シャドウのサイズそのものはブラックホールの質量で決まってしまうので、どうしようもない。しかし、シャドウの形を精密に見ることができれば、角運動量の有無などに強い制限を与えることができるようになるだろう。

また、波長のより短い電波で観測すると、解像度が上がり、電波ジェットの根元の様子を調べることができる（図8・1）。今回のEHTによるM87の観測では電波ジェットが検出されなかった（第6章参照）。電波ジェットの形成メカニズムの解明という意味では、より短い波長の電波での観測に期

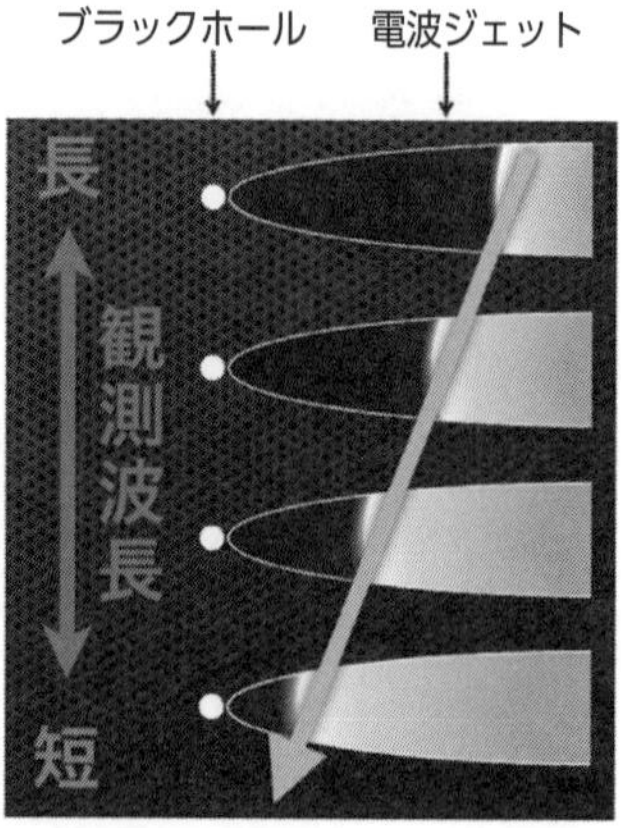

図8.1　波長のより短い電波で観測すると、解像度が上がり、電波ジェットの根元の様子を調べることができる
〔秋山和徳（国立天文台）〕

待が寄せられるところだ。

可視光－赤外線VLBIなら何が見えるか？

ところで、電波より波長の短い電磁波でVLBI観測が可能な場合、いったい何が見えるのだろうか？　あまり検討されていないテーマだが、付録6で紹介することにしよう。興味のある方は見ていただきたい。

スペースVLBI

解像度を上げるにはより短波長での観測が有効であるという話をした。しかし、もっと単純な方法は干渉計の基線長を長くすることである。ただ、言うは易く行うは難しである。第4章で見たように、そもそも今回の観測でEHTの基線長はすでに地球サイズになっている（図4・1）。これより基線長を長くしたければパラボラアンテナを宇宙に打ち上げるしかない。スペースVLBIだ。

スペースVLBIのコンセプトが最初に議論されたのは一九八四年のことだ。米国マサチューセッツ

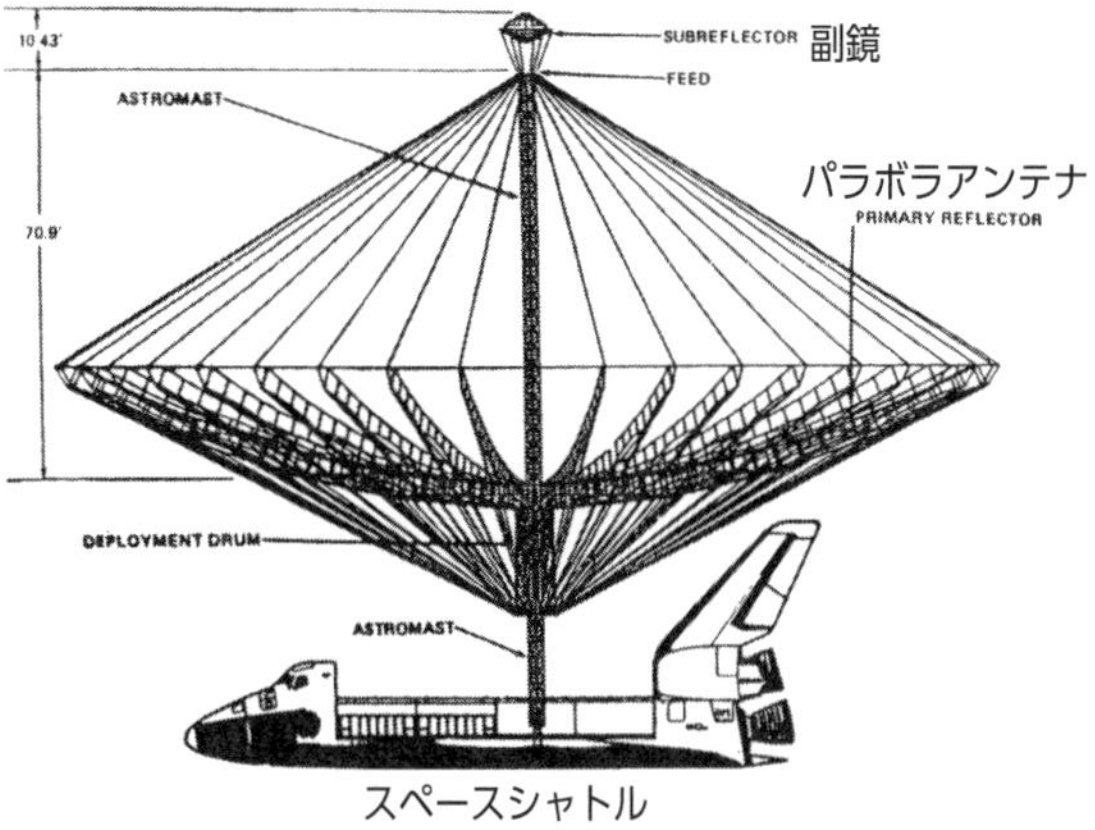

図8.2　バーナード・バークの提案したオービッティングVLBI用の装置
〔B. Burke (1984) IAU Symposium **110**, 397〕

ツ工科大学のバーナード・バーク(1928–2018)が国際天文学連合のシンポジウム「VLBIとコンパクト電波源」で議論を展開したのである。彼のアイデアはスペースシャトルにパラボラアンテナを積み込み、地球の周りを周回運動させながら地上の電波望遠鏡と組み合わせてVLBI観測をするものだった(図8・2)。

　パラボラアンテナはカーボン・エポキシで製作し、口径は三・七《メートル》。観測波長はセンチ波で三・八《センチメートル》から一八《センチメートル》を予定していた。

　彼はこの計画を「オービッティングVLBI」と名づけた。実現はしなかったものの、チャレンジングな計画で驚く。いまから三〇年以上も前に、これだけの計画を思いついていたのだからすごい。

　じつは、当時「QUASAT」という名称のスペースVLBI計画がESAとNASAの共同ミッションとして、一九八二年に提案されていた。一五メートル程度のパラボラアンテナを打ち上げる計画だったが、残念ながら実現することはなかった。

その後、スペースVLBIの実証実験はデータ中継用の衛星であるTDRS（Tracking and Data Relay Satellite）と地上の電波天文台を使って行われた。一九八六年から一九八八年にかけての実験だったので、まだ第一世代のTDRS衛星が使用された（図8・3）。周波数二・三ギガヘルツと一五ギガヘルツで観測が行われ、スペースVLBIが可能であることを示した。ちなみに地上のパラボラアンテナの一つとして、長野県の臼田にある口径六四メートルのパラボラアンテナが用いられた。

本格的なスペースVLBIとしては、日本が先陣を切った。VSOP（VLBI Space Observatory

図8.3　スペースVLBIの実証実験に用いられた第一世代のTDRS衛星
〔NASA〕

Programme)というプロジェクト名でHALCA《はるか》(Highly Advanced Laboratory for Communications and Astronomy)というVLBI専用の電波天文衛星を運用したことがある(図8・4)。パラボラアンテナの有効口径は八メートルで観測波長帯は一・三センチメートル(二二ギガヘルツ)、六センチメートル(五ギガヘルツ)、一八センチメートル(一・六ギガヘルツ)であった。一九九七年の打ち上げで、二〇〇五年に運用を終了した。

じつは、HALCAはM87を観測したことがある(図8・5)。波長が一八センチメートルでEHTの観測に比べて一〇倍以上長いので、あまり高い角分解能を達成していないが、電波ジェットは見事に捉えられている。

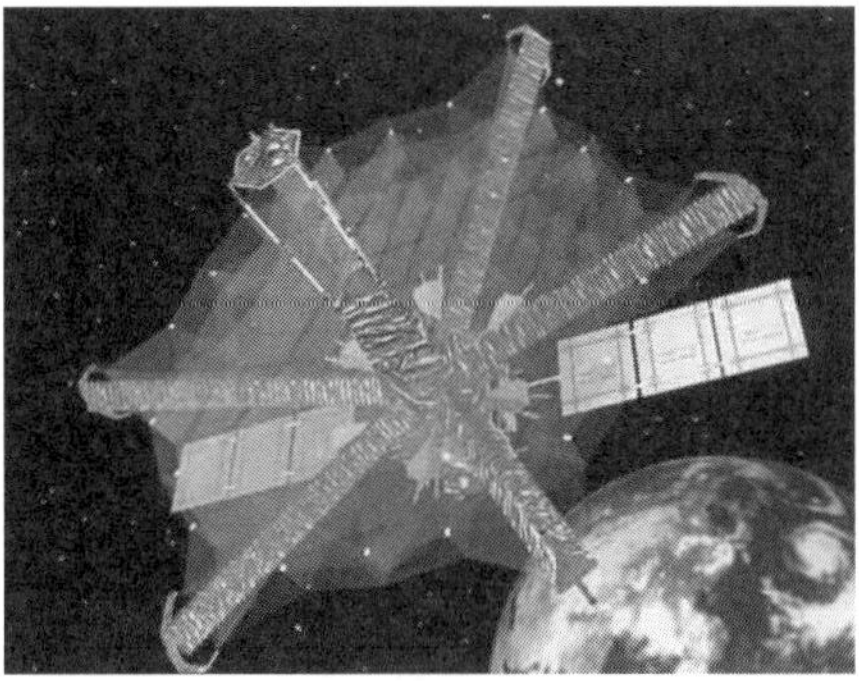

図8.4 日本のスペースVLBI天文衛星HALCA
〔JAXA〕

VSOPのあと、VSOP-2を計画したが、残念ながら採択には至らなかった。そのため、日本のスペースVLBIはHALCAだけで終了してしまった。

現在運用されているスペースVLBI専用の電波天文衛星は、ロシアが運用しているラジオアストロン(別名はスペクトルR、Spektr-R)だけである(図8・6)。パラボラアンテナの直径は一〇メートルである。

表8・1にラジオアストロンの観測モードをまとめておいた。EHTと同じ波長帯である一・三センチメートルでは七マイクロ

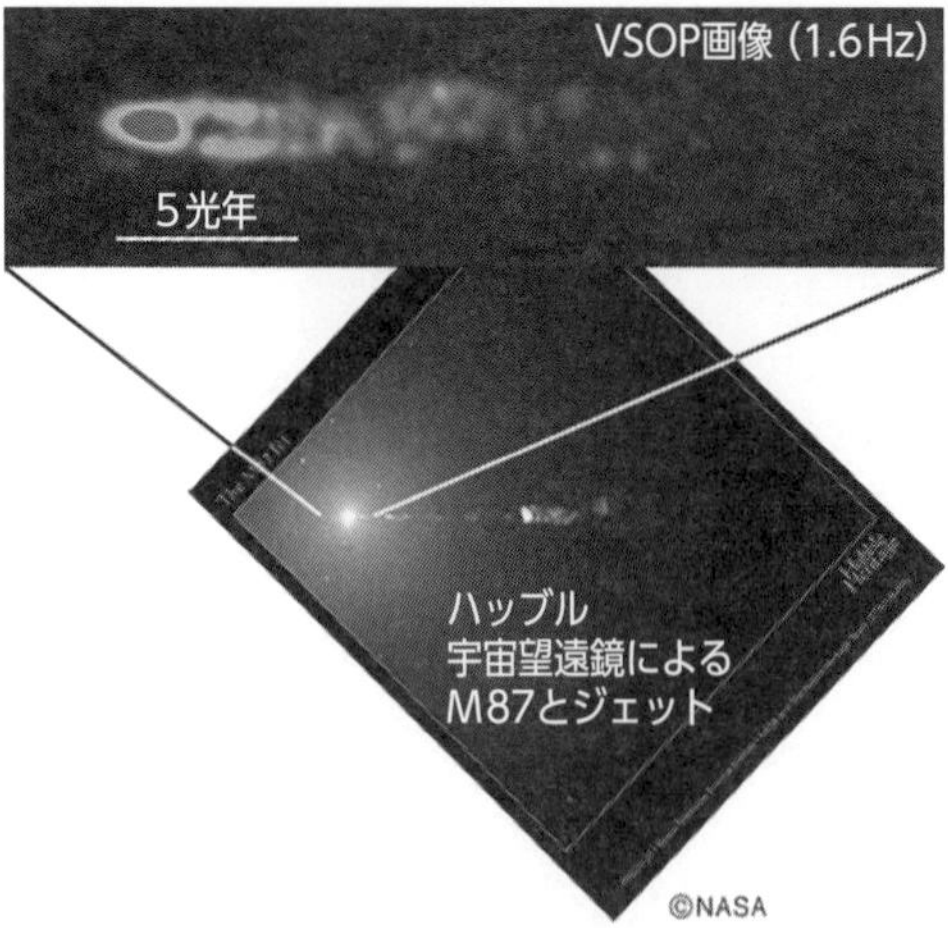

図8.5　HALCAを用いたスペースVLBIで観測したM87の中心部
〔JAXAウェブサイトより〕

図8.6　ラジオアストロン運用の想像図
〔ASC/the RadioAstron Project〕

秒角の角分解能を達成できる。ただ、私が電波の専門家ではないためかもしれないが、あまり華々しい研究成果は聞こえてこない。

スペースEHTへ

EHTがさらなる視力アップを狙うのであれば、スペースに専用の電波望遠鏡を打ち上げるのが一番の方法である。将来的に安定して運用したい場合は、月面に電波天文台のアレイを設置する方法もある。スペースと月面のよい点は、大気の影響を受けないことだ。データ解析の精度向上というメリットがある。

私はEHTのメンバーではないので、EHTが今後どのようにスペースでの研究展開を予定しているかはわからない。ただ、どの波長帯でもスペースに出て観測するほうがよいことは事実だ(図8・7)。

もちろん、莫大な予算が必要になることも事実だ。ALMAのように国際天文台として運用していくことが要請されるかもしれない。ただ、最も重要なのは、明確なサイエンス・ゴールがあるかどうかである。

今回、EHTは超大質量ブラックホールのブラックホール・シャドウを

表8.1 ラジオアストロンの観測モード

観測波長帯(cm)	周波数帯(MHz)	角分解能(マイクロ秒角)
92	316 – 332	530
18	1636 – 1692	100
6	4804 – 4860	35
1.3	18372 – 25132	7

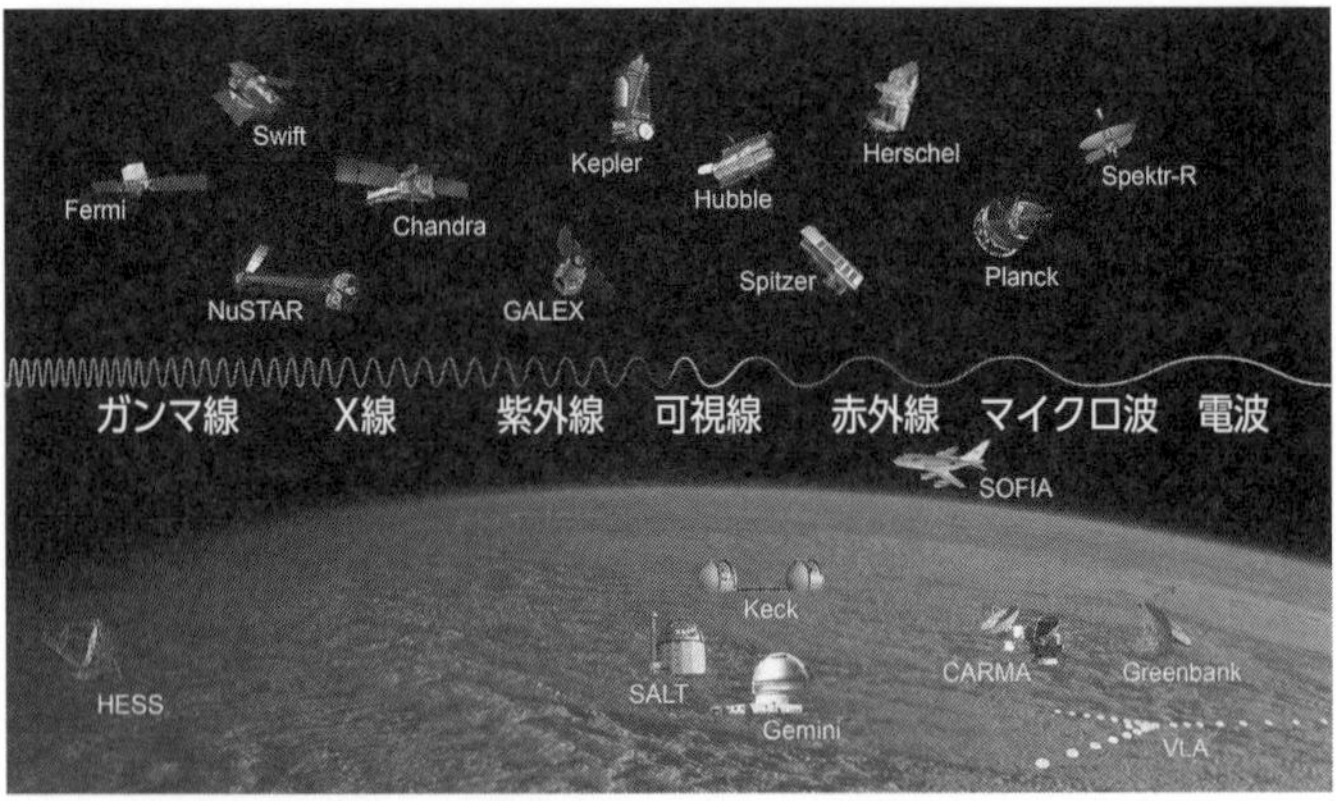

図8.7　現在運用されている宇宙天文台と地上天文台の一部
スペースVLBIではラジオアストロン（Spektr-R、一番右上）だけになっていることがわかるだろう。　〔NASA〕

見るという明確なゴールを設定していた。そして、それをやり切った。科学者のたどるべき王道ともいえるビジネススタイルであった。

ＥＨＴがスペースに出る決断をするとき、新たな、かつきわめて重要なゴール設定がなされるだろう。今度はどんなニュースに出会えるのだろう。それを楽しみにして、筆を置くことにしよう。

あとがき

今回はブラックホール・シャドウ発見のプレスリリースに出席できたという僥倖《ぎょうこう》から本書が生まれた。どうしてそのようなことになったのか、経緯を説明して、あとがきとしたい。

二〇一九年四月一〇日。この日は、午前中は放送大学で会議があったが、午後は国立天文台に出かけた。ALMA電波干渉計の観測計画に関する打ち合わせがあったからだ。国立天文台に到着してすぐに、放送大学の事務から連絡が入った。フジテレビから取材のお願いがきているということだった。「今夜一〇時から始まる記者会見にご一緒してもらいたい。そして、翌朝の番組「とくダネ！」に出演して解説をしてほしい」

そういう内容だった。じつは、その日は国立天文台での打ち合わせが終わったら仙台の自宅に帰ることにしていたのだが、これはチャンスだ。世紀の大ニュース、ブラックホール・シャドウ発見の記者会見である。普通、記者会見場に行けるのは報道関係者だけであり、天文学者である私が参加するのはおかしい。しかし、フジテレビの番組に依頼された仕事なので、国立天文台の広報からも参加の許可がおりた。大変ありがたい話である。

世界六か所同時プレスリリースの関係で日本での開始時刻は午後一〇時である。午後九時過ぎにフジテレビの撮影クルーの方々と一緒に記者会見場に到着すると、もうかなりの報道関係の方々が忙しく準備をされていた。

廊下でばったり国立天文台の本間希樹教授に会った。彼はイベント・ホライズン望遠鏡の日本チー

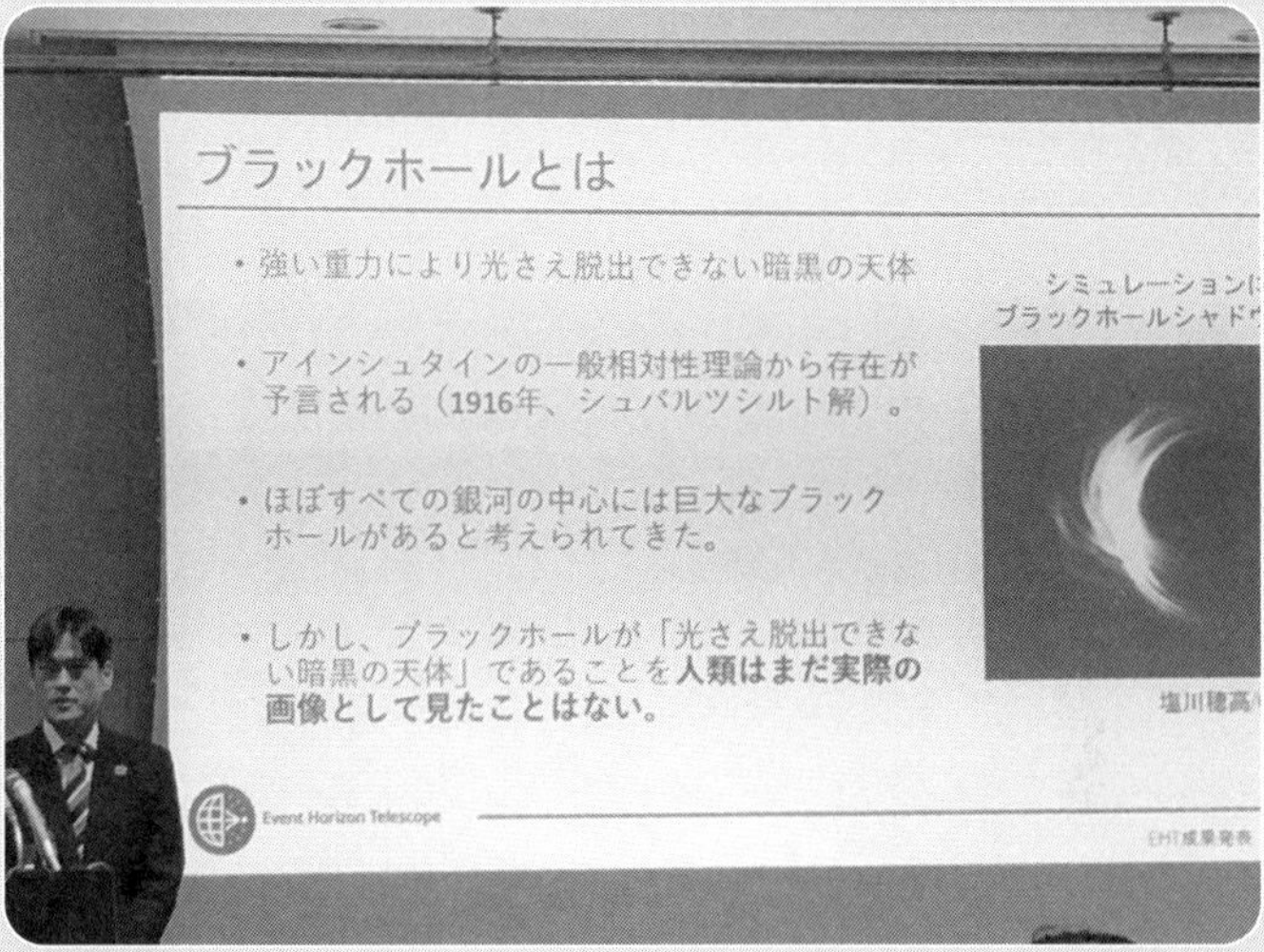

図1　記者会見でブラックホールについて説明する国立天文台の本間希樹教授〔筆者撮影〕

ムの代表者だ。今日の会見の主役である。「少し緊張しています」といってはいたが、気合い十分という感じだった。

そして、午後一〇時。いよいよ記者会見が始まった（図1）。午後一〇時七分。その時がやってきた。ついにブラックホール・シャドウの姿が目の前に現れたのだ。会場にどよめきが走る。イベント・ホライズン望遠鏡のチーム全体の代表者は米国で同時に記者会見を始めている。米国では一〇日の午前九時から始まっていたが、ブラックホール・シャドウの姿を見せるのは九時七分。つまり、そこまで周到に用意されて、世界の六か所で同時に記者会見をしたのだ。

天体はいて座A*ではなく、M87だった。いて座A*のブラックホール・シャドウの姿を見られるのは、どうやらもう少しあとのことになるようだ。チームからの会見が終了すると、質疑応答の時間が始まる。会見の終了予定時刻は午後一一時だったが、終わったのは午後一一時二〇分になっていた。次から次へと質問が出るのだ。報道関係の方々の関心の高さがよくわかった。そして、質疑応答の時間が終わると、今度は「ぶら下がり取材」が始まる（図２）。本間先生にご挨拶をと思ったが、諦めて帰ることにした。ホテルに戻ったら、もう一二時をまわっていた。そして、翌一一日の朝、無事「とくダネ！」に出演して今回の役割を終えることができた。

ブラックホール・シャドウの大発見の熱が覚めやらぬまま、平成-令和をまたぐ大連休が始まった。仙台では、雨で肌寒い日々が続いていたが、突然天気が回復した。四月二九日のことだ。バルコニーから快晴の青空を見ているうちに思いついた。

「そうだ、水沢に行ってみよう」

図２　会見終了後の「ぶら下がり取材」の様子
本間教授の周りは人だらけである。　〔筆者撮影〕

図3　奥州宇宙遊学館の後ろ姿
正面玄関は反対側にある。着いたのが午後だったので、正面には陽が当たっていない。そこで、陽の当たる後ろ姿を写真に留めた。〔筆者撮影〕

本間先生のオフィスがある国立天文台水沢VLBI観測所がある街だ。長年天文学者をやっているが、じつは観測所は一度も訪れたことがない。やはり、「思い立ったが吉日」である。

到着して驚いた。なんだかレトロな建物がある。それが「奥州宇宙遊学館」だったのだ[*]（図3）。しかし、レトロなだけではない。振り返れば口径二〇メートルのパラボラアンテナがそびえ立つ（図4）。国立天文台水沢VLBI観測所が推進しているVERAプロジェクト用の電波望遠鏡の一台である。

VERAはVLBI Exploration of Radio Astrometry の略称で、私たちの住む銀河系の三次元立体地図を作成する目的で推進されている研究である。水沢の他に、鹿児島県入来、東京都小笠原、そして沖縄県石垣に口径二〇メートルのパラボラアンテナが設置され、VLBIとして機能させている（図5）。この

ＶＥＲＡという名称には一つの想いが込められている。なぜなら、ＶＥＲＡはラテン語で「真実」を意味するからだ。研究者は常に真実を追い求めるものだ。

こういう研究活動がイベント・ホライズン望遠鏡という超ビッグ・プロジェクトにつながっていったのかと思うと、感慨深いものがある。私の座右の銘の一つは「千里の道も一歩から」だが、研究とはそういうものなのだと思う。

ところで、ご存知の方も多いと思われるが、国立天文台水沢ＶＬＢＩ観測所の前身は東京天文台が運用していた緯度観測所である。元をたどると、一八九九年に開設された国際共同緯度観測所の一つのブランチである。地球の歳差運動や微小な振動現象を調べ、緯度の精密測定を目指した施設である。

岩手県花巻を故郷とする宮沢賢治もこの緯度観測所がお気に入りだった。代表作の一つである『風の又三

図4　VERAプロジェクトに使用されている口径20 mのパラボラアンテナ
写真の左端にお子さんが二人写っているのがわかるだろうか。大きな電波望遠鏡であることは間違いない。〔筆者撮影〕

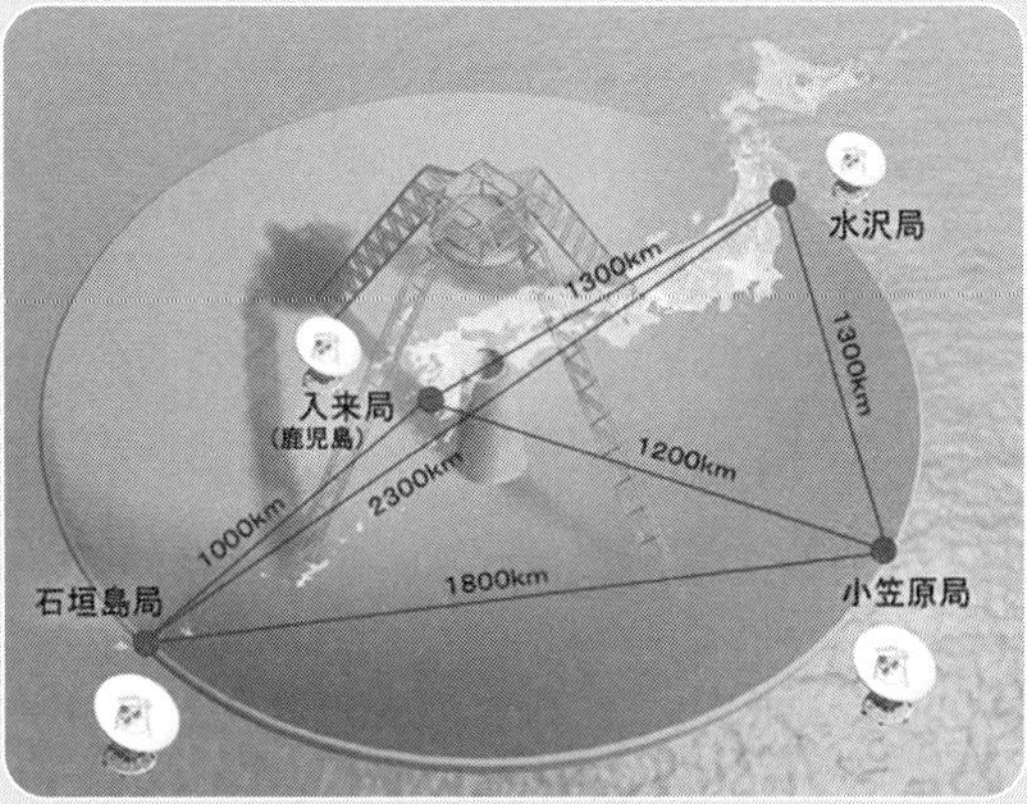

図5 VERAプロジェクトの電波天文台網
〔国立天文台〕

郎』（初期形の『風野又三郎』も参照されたい）には緯度観測所のみならず、国際的な地球物理学者である木村榮《ひさし》（1870-1943）も登場しているぐらいだ。水沢VLBI観測所の敷地内には木村榮記念館もある。記念館の中には木村が使用した測定機器や、当時の書斎も再現されている。私はアンティーク趣味があるので、奥州宇宙遊学館も木村榮記念館も大好きになってしまった。

それにしてもブラックホール・シャドウの姿には感動を覚えた。私はいままで約三五〇編の論文を書いてきた。そのうちの三分の一は活動銀河中心核、つまり、超大質量ブラックホールをエンジンとする天体に関するものだ。論文を書きながらいつも思っていたことがある。

「銀河の中心に、本当に超大質量ブラックホールはあるのだろうか？」

こういう疑問だ。今回のブラックホール・シャドウの観測でこの疑問は解消された。

「銀河の中心に、本当に超大質量ブラックホールはあるのだ！」

これがわかったからである。いままでやってきた活動銀河中心核の研究は無駄ではなかったのである。

それにしても今回のプレスリリースは異例ずくめだった。

・世界六か所で同時記者会見
・ブラックホール・シャドウの姿を見せるのは会見開始後、七分経過したとき
・事前に内容を一切漏らさない

最初の二つのことはまだ理解できる。しかし、最後の「事前に内容を一切漏らさない」ことには驚いた。じつは、今回の論文は英国の Nature 誌か米国の Science 誌に掲載されるのではないかと考えていた。大きな科学的成果はだいたい、この二つの雑誌で発表されることが多いからだ。しかし、記者会見は水曜日だったので、違うと思った。Nature 誌か Science 誌なら、記事の解禁は金曜日になるからだ。

一〇日の会見後、国立天文台のホームページでこのニュースを見て理解した。論文は米国の天体物理学誌 The Astrophysical Journal のレターとして公表されたのだ。しかも、論文は一つではない。

六論文、同時掲載である。ブラックホール・シャドウの結果だけでなく、観測装置の説明、データ解析の手法、ブラックホールの質量の評価法など、詳細な議論がなされている。なるほど、これではNature誌やScience誌には馴染まない。

イベント・ホライズン望遠鏡のチームは完璧なまで仕事をやり終え、満を持してのリリースだったのである。研究者としてチームに敬意を表したい。また、The Astrophysical Journal誌にも感謝したい。なぜなら、新しい論文は閲覧料を支払わなければ読むことはできない仕組みになっている。しかし、今回はリリース直後からフリーで閲覧できるようにしてくれたのだ。今回の発見が世界の科学の発展に大きな寄与をすることを配慮してのことだろう。おかげで、私たちは今回の成果の詳細を直ちに知ることができたのだ。

それにしても平成最後の四月は怒涛《どとう》のように過ぎた一か月であった。イベント・ホライズン望遠鏡のチームに深く感謝して、このあとがきを終えたい。

＊　仙台に戻り、奥州宇宙遊学館のパンフレットを見てそのレトロさの理由がわかった。この建物は緯度観測所の旧本館なのだ。一九二一年に建設され、一九六六年まで本館として利用されていたものだ。その後、新しい本館ができたあとは、資料展示室として利用されていたが、老朽化が進み取り壊しが決まろうとしていた。しかし、これだけの建物を壊すのは忍びないということで、保存活動が始まり、めでたく二〇〇八年に奥州宇宙遊学館として再スタートすることになったのである。ちなみに、平成の大合併で奥州市が誕生したのは二〇〇六年のことだった。

謝辞

まずは、イベント・ホライズン望遠鏡チームの「ブラックホール・シャドウの大発見」に称賛の意を表させていただきます。誠におめでとうございます。

図版の多くは国立天文台、ＮＡＳＡなどの研究所の優れた研究成果に基づくものを使わせていただきました。とくに詳細なプレスリリースの情報を提供してくださったイベント・ホライズン望遠鏡の日本チームの方々に深く感謝いたします。

日本チームの代表者である国立天文台水沢ＶＬＢＩ観測所長、本間希樹教授が著された『巨大ブラックホールの謎』（講談社ブルーバックス、二〇一七年）はブラックホールの基礎から今回発見されたブラックホール・シャドウの科学的意義がきわめて明快に書かれており、大変参考になりました。また、日本チームの秦　和弘氏および秋山和徳氏の貴重な研究成果の図を使用させていただきました。各氏に深く感謝いたします。

大阪教育大学の福江　純氏と国立苫小牧高専の高橋労太氏にはブラックホール・シャドウの理論的な研究成果の図を使用させていただきました。各氏に深く感謝いたします。また、本書ではいままで私と共同研究してくださった方々と用意した図も使用させていただきました。とくに、鹿児島大学の和田桂一氏、東北大学の村山 卓氏、国立天文台の井口 聖氏、岐阜大学の須藤広志氏に深く感謝いたします。

今回、四月一〇日に開催されたプレスリリースに参加できたのはフジテレビの番組「とくダネ！」から出演依頼を受けたためです。非常に貴重な機会を与えてくださったことに対して、番組のスタッフの皆様全員に深く感謝致します。とくにディレクターの吉田岳人氏、稲葉一将氏、プレゼンターの岸本哲也氏には大変お世話になったことを申し添えておきます。

四月一〇日のプレスリリースの際には国立天文台広報室の山岡 均室長、ＡＬＭＡ室広報担当の平松正顕氏、水沢ＶＬＢＩ観測所広報担当の小澤友彦氏に大変お世話になりました。深く感謝いたします。

末尾になり恐縮ですが、丸善出版企画・編集部の村田レナ氏には多くの適切なコメントをいただき、深く感謝いたします。

谷口義明

令和二年六月　杜の都、仙台の自宅にて

索　引

用語　　頁

3C 279 74
3C 66B 88, 89
EHT（Event Horizon Telescope）→イベント・ホライズン望遠鏡
M87 23,112
——のブラックホール・シャドウ 36
NGC 1052 72
NGC 5128 61
OJ 287 67
SDSS（Sloan Digital Sky Survey）........ 104
VLBI（Very Long Baseline Interferometer）........ 34

アインシュタイン，アルベルト 2
アウトバースト 67
いて座A* 54, 56
イベント・ホライズン（事象の地平線）........ 2
イベント・ホライズン望遠鏡 34, 35
——で観測された天体 55
——の課題 118
——のターゲット 22
ウルトラ赤外線銀河→超高光度赤外線銀河
遠赤外線 91
岡 朋治 82
おとめ座銀河団 23

カーティス，ヒーバー 26
カー・ブラックホール 14
逆コンプトン散乱 46, 47
共進化 25
銀河カニバリズム 26

銀河系とアンドロメダ銀河の衝突………… 95
銀河
——の衝突………… 86
——の分類………… 62, 63
銀河風………… 91
クェーサー………… 67, 93, 100, 109
——に対する銀河の合体モデル………… 101
ケンタウルスA………… 61
コア………… 42, 45, 48
光子球………… 15
光子半径………… 14
降着円盤………… 18
コンパクト銀河群………… 93
コンプトン散乱………… 46, 47

歳差運動(首振り運動)………… 84
三本ジェット………… 52
事象の地平線………… 2
事象の地平線望遠鏡──▶イベント・ホライズン望遠鏡
ジャンスキー，カール………… 55
重力崩壊………… 5
シュバルツシルト，カール………… 5
シュバルツシルト半径………… 6
シン，ジョン………… 16
シンクロトロン放射………… 44, 47
スターバースト………… 90, 111
スーパーウインド──▶銀河風
スペースVLBI………… 120
スローン・デジタル・スカイ・サーベイ──▶SDSS
セイファート銀河………… 101, 109
セイファートの六つ子………… 92

太陽フレア………… 58
楕円銀河………… 62
——の見かけの形態………… 64
多重合体………… 90
中質量ブラックホール………… 83
中心核ジェット………… 104
中心領域スターバースト………… 111

超高光度赤外線銀河……90
超光速運動……76
超大質量ブラックホール……83
超大質量ブラックホール連星……70
超長基線電波干渉計→VLBI
対生成……50, 51
天体の名前……75
電波ジェット……42, 44, 49
――の蛇行運動……83, 84
――の電離ガス……50
電波天文学……55
凍結星（フローズンスター）……7
ドップラー・ビーミング効果……68
ドップラー・ブースト……70
ドールマン，シェパード……34

野良ブラックホール……83

萩原雄祐……12
ハッブル，エドウィン……28, 62
福江 純……18
ブラックホール……3
ブラックホール・シャドウ……16, 18, 36
――の形……19, 114
フレア……57
ブレーザー……67
ペア・プラズマ……50
星形成現象→スターバースト
星質量ブラックホール……83
本間希樹……35

マージャー……109

ラジオアストロン……123, 125
ルミネ，ジャン=ピエール……16

参考図書

[教科書]

1. 『宇宙論 I 宇宙の始まり』現代の天文学シリーズ　第2巻　第2版、佐藤勝彦、二間瀬敏史 編（日本評論社、2012）

2. 『銀河 I 銀河と宇宙の階層構造』現代の天文学シリーズ　第4巻　第2版、谷口義明、岡村定矩、祖父江義明 編（日本評論社、2018）

3. 『ブラックホールと高エネルギー現象』現代の天文学シリーズ　第8巻、小山勝二、嶺重 慎 編（日本評論社、2007）

4. 『輝くブラックホール降着円盤』福江 純 著（プレアデス出版、2007）

5. 『完全独習 現代の宇宙物理学』福江 純 著（講談社、2015）

6. 『ブラックホール天文学』新天文学ライブラリー 第3巻、嶺重 慎 著（日本評論社、2016）

7. 『ブラックホール宇宙物理の基礎』シリーズ宇宙物理学の基礎　第6巻、小嶌康史、小出眞路、高橋労太 著（日本評論社、2019）

8. 『宇宙の誕生と進化』谷口義明、山岡 均、河野孝太郎、須藤 靖 著（放送大学教育振興会、2019）

9. 『ピーターソン 活動銀河中心核—超大質量ブラックホールが引き起こすAGN現象のすべて』ブラッド・ピーターソン 著、和田桂一 他 訳（丸善、2010）

10. 『銀河進化論』塩谷泰広、谷口義明 著（プレアデス出版、2009）

［超大質量ブラックホールによる活動銀河中心核のレビュー論文］

11. "Black Hole Model for Active Galactic Nuclei"
Martin Rees (1984) Annual Review of Astronomy and Astrophysics, **22**, 471-506

［ブラックホールと重力に関連する啓蒙書］

12.『国立天文台教授が教える　ブラックホールってすごいやつ』
本間希樹 著、吉田戦車 イラスト（扶桑社、2020）

13.『90分でブラックホールがわかる本』福江 純 著、カサハラテツロー イラスト（大和書房、2020）

14.『アインシュタインの影：ブラックホール撮影成功までの記録』
渡部潤一 監修、セス・フレッチャー 著、沢田 博 訳（三省堂、2020）

15.『ホーキング　ブラックホールを語る』スティーヴン・ホーキング 著、佐藤勝彦 監修、塩原通結 訳（早川書房、2017）

16.『ブラックホール　アイデアの誕生から観測へ』マーシャ・バトウーシャク 著、山田陽志郎 訳（地人書館、2016）

17.『ブラックホールに近づいたらどうなるか？』二間瀬敏史 著（さくら社、2014）

18.『重力で宇宙を見る　重力波と重力レンズが明かす、宇宙の始まりの謎』二間瀬敏史 著（河出書房新社、2017）

19.『重力はなぜ生まれたのか』ブライアン・クレッグ 著、谷口義明 訳（SBクリエイティブ、2012）

20.『ブラックホールを見る！』嶺重 慎 著（岩波書店、2008）

21.『ブラックホールをのぞいてみたら』大須賀 健 著（角川書店、2017）

22.『銀河の中心に潜むもの』岡 朋治 著（慶應義塾大学出版会、2018）

23.『地球一やさしい宇宙の話　巨大ブラックホールの謎に挑む』
吉田直紀 著（小学館、2018）

24.『巨大ブラックホールと宇宙』谷口義明、和田桂一 著（丸善出版、2012）

25.『セイファート銀河』兼古 昇 著（地人書館、1983）
本書は絶版だが、下記のサイトから無料ダウンロードができる。http://www.librarivm-ezoensis.net

[新書で読めるブラックホールと重力に関連する啓蒙書]

26.『カラー図解でわかるブラックホール宇宙　なんでも底なしに吸い込むのは本当か？　死んだ天体というのは事実か？』福江 純 著（SBクリエイティブ、2009）

27.『重力とは何か アインシュタインから超弦理論へ、宇宙の謎に迫る』大栗博司 著（幻冬社、2012）

28.『ゼロからわかるブラックホール—空を歪める暗黒天体が吸い込み、輝き、噴出するメカニズム』大須賀 健 著（講談社ブルーバックス、2011）

29.『超大質量ブラックホールの謎　宇宙最大の時空の穴に迫る』本間希樹 著（講談社ブルーバックス、2017）

30.『宇宙はなぜブラックホールを造ったのか』谷口義明 著（光文社新書、2019）

31.『クェーサーの謎　宇宙で最もミステリアスな天体』谷口義明 著（講談社ブルーバックス、2004）

付録

付録 1
ブラックホールの世界

ブラックホールが持っているもの

ブラックホールに関する物理量についてまず見ておくことにしよう。じつは、ブラックホールは星や惑星、銀河などの天体に比べると、かなり単純な天体である。なぜなら、ブラックホールの性質を決める物理量はたった三つしかない。質量、角運動量、そして電荷である。

[1] 質量：

どんな天体も質量を持っている。ブラックホールも例外ではない。

[2] 角運動量：

どんな天体も回転している。星も、惑星も、銀河までも回転している。回転しているということは角運動量（回転する能力）を持っている。角運動量を持った天体が重力崩壊してブラックホールになったとすれば、必ずゼロでない角運動量がブラックホールに残されるはずだ。ただし、角運動量のきわめて小さな天体からブラックホールができた場合は、角運動量がゼロに近いケースもあるだろう。

[3] 電荷：

たとえば星は原子でできている。原子核を構成する者は陽子や中性子、そして電子である。中性子は電気的に中性だが、陽子は$+e$クーロンの電荷を持ち、電子は$-e$クーロンの電荷を持っている。ブラックホールができるとき、これらの陽子や電子が持っていた電荷が取り込まれるので、電荷を持っていて当然になる。

これしか情報を持たない天体は珍しい。ブラックホールは事象の地平面に囲まれて見えない。しかし、仮に見えたとしても、みな同じ顔つきをしているので区別がつかないことになる。そのため、この性質は「ブラックホールの脱毛定理(あるいは無毛定理)」とよばれている。ホイーラーが解説記事の中で「Black hole has no hair」と言及したことに端を発する。彼はきわめて優秀な物理学者だが、まるで文学を嗜《たしな》む人のようでもある。天は二物を与えることもあるということか。この定理が名づけられたのは1971年のことだった。

4種類のブラックホール

結局、ブラックホールの基本物理量は、質量、角運動量、そして電荷の三つである。これらの物理量の組み合わせで、ブラックホールは次の4種類に大別される(図A1.1)。なお、括弧内の年は解が見つけられた年である。

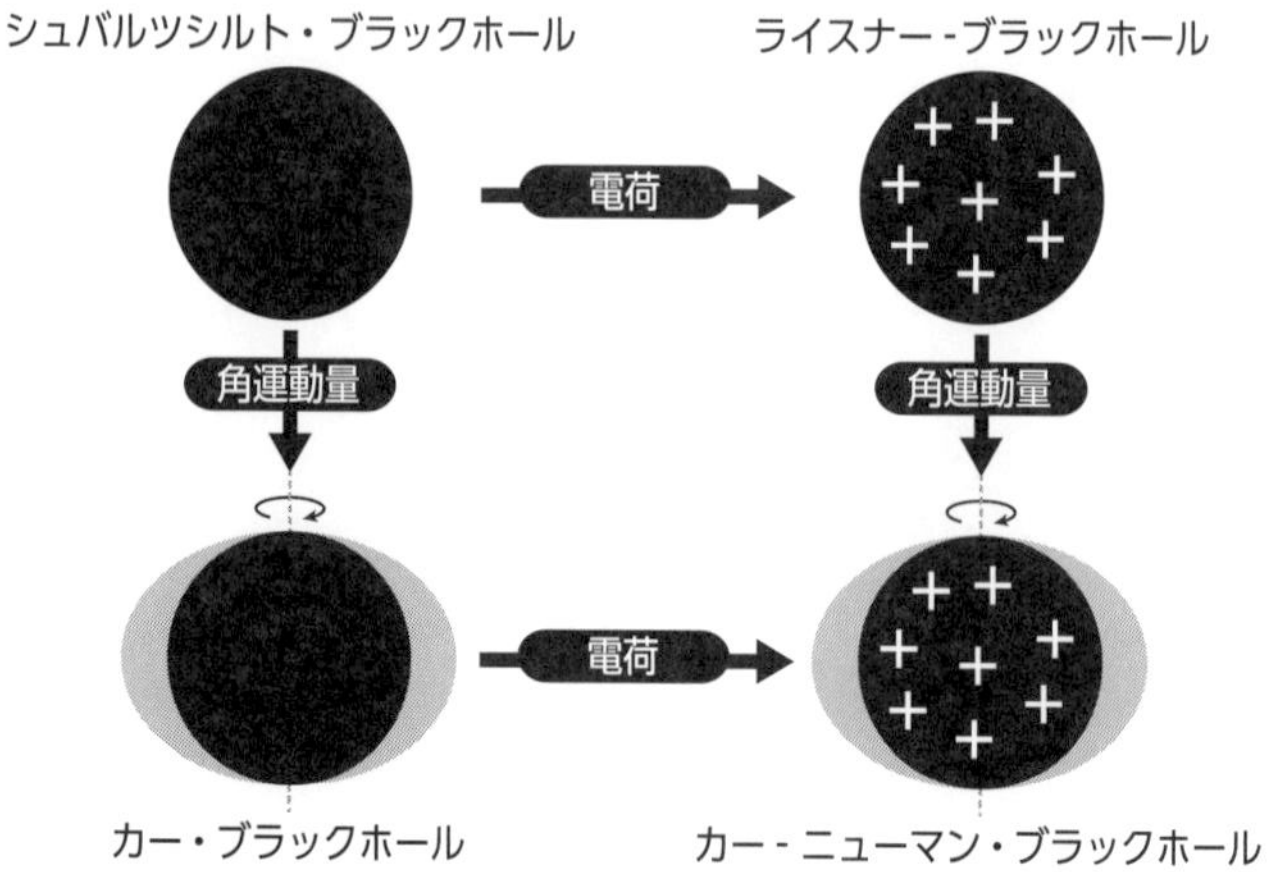

図A1.1　4種類のブラックホール
角運動量があると回転のために時空の引きずり効果が出てくる。そのため、赤道方向に膨らむが、この領域は「エルゴ領域」とよばれている。

[1] シュバルツシルト・ブラックホール(1915年)
質量だけを持つブラックホール。電荷を持たず、回転もしていない。
[2] カー・ブラックホール(1963年)
質量を持ち、回転しているブラックホール。ただし、電荷は持たない。
[3] ライスナー－ノルドシュトルム・ブラックホール(1916年)
質量と電荷を持つブラックホール。ただし、回転はしていない。
[4] カー－ニューマン・ブラックホール(1965年)
質量を持ち、回転していて、さらに電荷を持つブラックホール。

ここで、解が求められた年を見ると面白いことに気づく。まず、質量だけを持つブラックホールであるシュバルツシルト・ブラックホールと質量と電荷を持つブラックホールであるライスナー－ノルドシュトルム・ブラックホールはアインシュタイン方程式が発表された1915年から時を経ずにそれらの解が見つけられていることに気づく。ところが回転が絡むブラックホールであるカー・ブラックホールとカー－ニューマン・ブラックホールは約半世紀の時を経てから、ようやく解が見つけられている。これはブラックホールが回転していると、途端にアインシュタイン方程式の解法が複雑になるためである。ロイ・カー(1934-、図1.13)がいわゆるカー解とよばれる、アインシュタイン方程式の解を見つけた論文はあまりにも難しすぎて、ほとんど誰も理解できなかったという逸話が残っているぐらいだ。

ところで、ブラックホールの基礎研究では日本人も活躍している。現実に存在するブラックホールの種類は上に挙げた4種類と考えられているが、冨松－佐藤ブラックホールというものもある(冨松彰と佐藤文隆が1972年に提案した)。時空が扁平に歪んでいて、さらに自転しているブラックホールである。自転していない場合はワイル・ブラックホールとよばれる。ただ、これら二つのブラックホールは現実には存在しないと考えられている。特異点がむき出しになるためである。

付録2 活動銀河中心核（AGN）

AGNバラエティ

さて、クェーサーや電波銀河の中心では、いずれもブラックホール・エンジンが働いている。このような天体はまとめて「活動銀河中心核（Active Galactic Nucleus、以下ではAGNと略す）とよばれている。そこで、AGNについてざっと説明しておくことにしよう。

AGNの定義は銀河の中心領域（銀河中心核）で「ブラックホール・エンジンが働いている」ことである。ここでブラックホール・エンジンの実態は

・超大質量ブラックホールがある。
・その周りにガス円盤（降着円盤）があり、超大質量ブラックホールにガスが降着して重力エネルギーを用いて発電している。

という描像になる。降着円盤はガス密度が高いので摩擦熱により高温になる（10万K程度）。そのため、熱放射として紫外線やX線が放射される。この放射により、銀河中心あるいは銀河のガスは電離される。また、降着円盤のガス自身も高温のため電離している。その円盤が超大質量ブラックホールの周りを回っているので、磁場が発生する。その磁場のエネルギーを用いてジェットが円盤と直交する方向に出る。AGNの概要を図A2.1に示した。

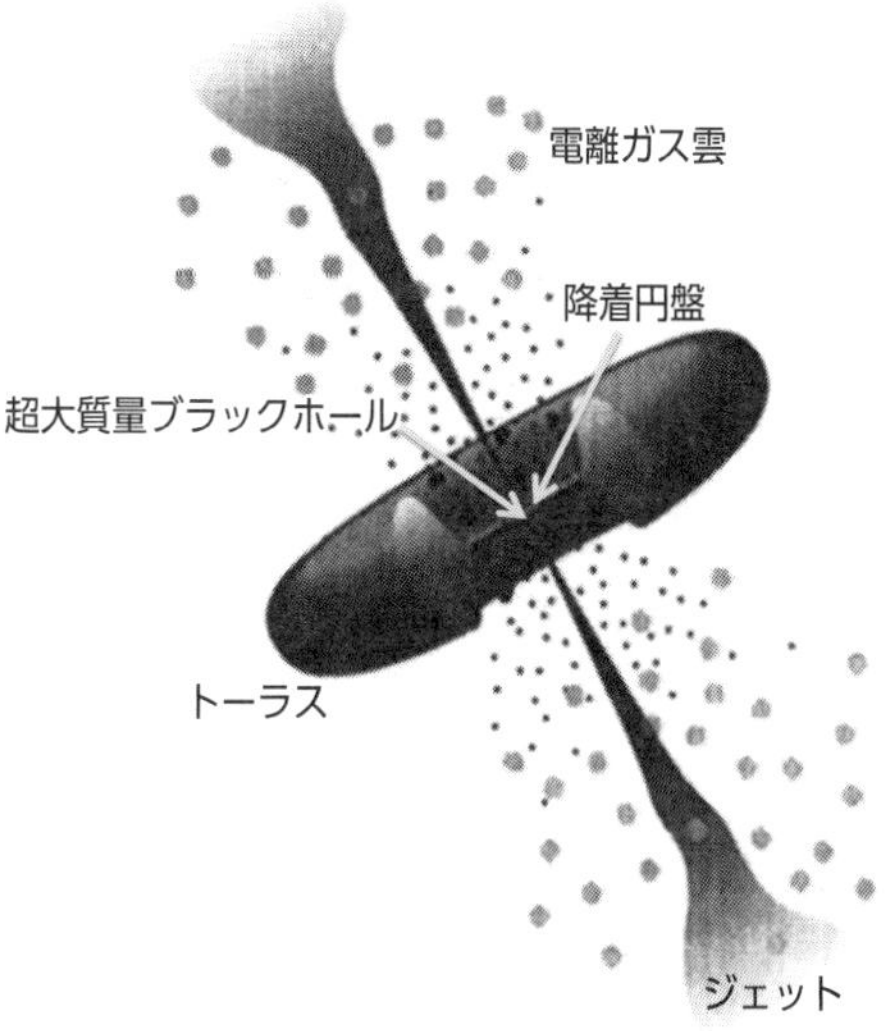

図A2.1　AGNの構造
中心に超大質量ブラックホールがあり、その周りに降着円盤がある。これらを取り巻くようにトーラスとよばれる高密度のガスと塵粒子(ダスト)を含むドーナツ状の構造がある。なお、降着円盤のサイズは超大質量ブラックホールのサイズの1000倍程度である。超大質量ブラックホールの質量が太陽質量の1億倍の場合、シュバルツシルト半径は 3億km(= 0.00001 pc)である。したがって、降着円盤の半径は3000億km 程度になる(= 0.01 pc)。

AGNを分類する

AGNは光度によって名称が異なる(表A2.1)。基準になる光度である $10^{12}\,L_{太陽}$ は可視光帯での絶対等級では－23等級に相当する。ちなみに、天の川銀河の可視光帯での絶対等級では－20.5等級である。クェーサーは天の川銀河に比べて2.5等も明るい。1等明るいと2.5倍明るいので、$2.5^{2.5}=10$倍明るいことになる。天の川銀河には1000億個以上の星がある。つまり、クェーサーはそれだけで星の1兆倍も明るいことになる。

AGNは電離ガス領域の見え方でも名称が異なる(表A2.2)。その基準と

表A2.1　AGNの光度による分類

名称	光度
クェーサー	$\geq 10^{12}\ L_{太陽}$
セイファート銀河	$< 10^{12}\ L_{太陽}$

太陽光度 $L_{太陽} = 3.85 \times 10^{26}$ W

表A2.2　1型と2型AGN

名称	基準
1型	広線領域、狭線領域がともに見える
2型	狭線領域しか見えない

広線領域 = Broad Line Region（BLRと略される）
狭線領域 = Narrow Line Region（NLRと略される）

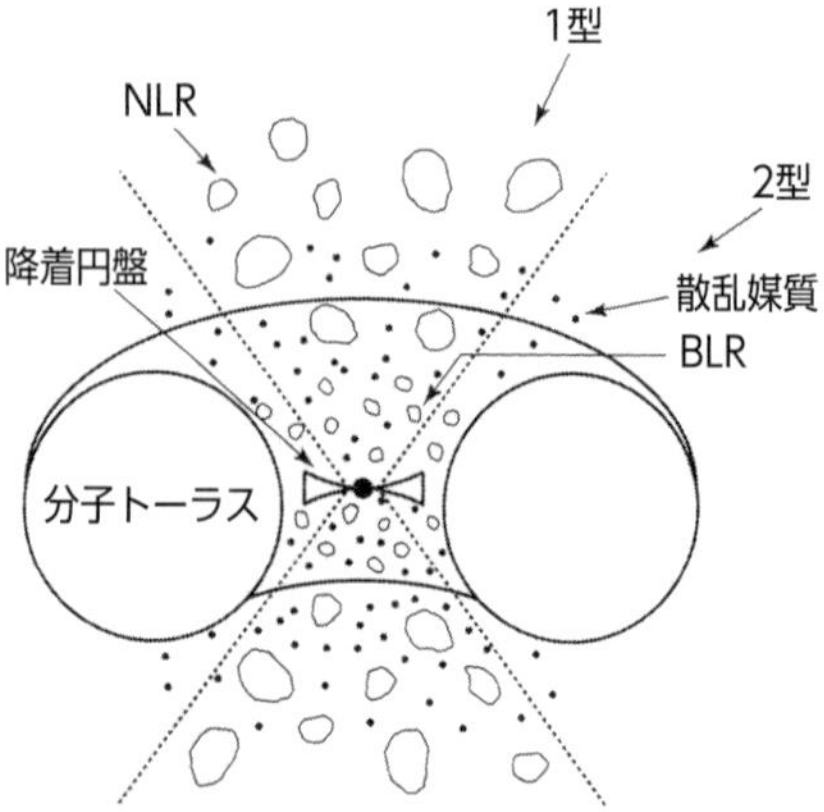

図A2.2　AGNの構造
中心に超大質量ブラックホールがあり、その周りに降着円盤がある。超大質量ブラックホールのサイズの1000倍程度に広がっている。その外側には広線領域（BLR）がある。半径 = 0.01 − 1 pcにあるので、見方によっては分子トーラスに隠されてしまう。一方、狭線領域（NLR）はトーラスのサイズより大きく広がっているので、どの方向から見ても観測される。　〔村山卓（東北大学）〕

表A2.3　AGNの広線領域と狭線領域の性質の比較

領域	輝線の速度幅	半径	ガス密度
広線領域	$\geq 2000\ \mathrm{km\ s^{-1}}$	0.01 – 1 pc	$10^{10-12}\ \mathrm{cm^{-3}}$
狭線領域	$< 500\ \mathrm{km\ s^{-1}}$	100 pc – kpc	$< 10^{5}\ \mathrm{cm^{-3}}$

表A2.4　AGNの電離ガスの電離度による分類

名称	基準
クェーサー、セイファート銀河	電離度は高い
ライナー	電離度は低い

なる広線領域と狭線領域の性質の差異については表A2.3に示した。しかし、1型と2型の区別は本質的ではないと理解されている。広線領域は銀河中心核に非常に近い場所にある（半径 ＝ 0.01 －1 pc）。そのため、見方によってはトーラスに隠されてしまうのである（図A2.1、A2.2）。

さらに、AGNはガスの電離度の強弱によって名称が異なる（表A2.4）。AGNでは電離ガスが観測される。クェーサーやセイファート銀河では通常の大質量星の周りの電離ガス領域に比べて電離度が高いことが特徴的である。ところがAGNの中には電離度が低いものが発見され、ライナーとよばれている（LINER；Low Ionization Nuclear Emission-line Region）。

ライナーの基準は可視光スペクトルで観測される輝線の強度比に準拠しているが、電離度の低い輝線のほうがより強く観測される。つまり、低電離なのである。

低電離の意味するところは、電離されるガスに対して、電離光子の個数が少ないことである。これが実現されるのは、次の二つの場合である。（1）ガスが相対的に多い、あるいは（2）電離光子が相対的に少ない。

銀河の中心領域のガスの量は確かに、銀河ごとに異なる。しかし、ライナーで系統的にガスが多いという観測事実はない。したがって、AGNそのものの強度が弱いと考えるほうがよさそうだ。近傍の宇宙にある銀河の中心核を詳しく調べると、半数以上はライナーであることがわかっている

(セイファート銀河の頻度は高々5%である)。ライナーをAGNと認定すると、ほとんどの銀河がAGNを持っていることになる。このことは、すべての銀河がその中心に超大質量ブラックホールを持っていることを示唆した意味でも重要であった。

ちなみに、EHTの6個のターゲットのうち、NGC 1052 はライナーである。

分類したら統一する

まず、1型と2型だが、これは本質的な差ではない。表A2.2に示したように1型では広線領域、狭線領域がともに見えるが、2型では狭線領域は見えるが広線領域は見えない。これは2型では広線領域がトーラスによって隠されているためだ。つまり、2型にも広線領域はあるのだが、たまたま観測する方向が悪く、見えていないだけなのだ。つまり、1型と2型は「観測する角度」というパラメーターで統一されることになる(図A2.2)。

次にクェーサーとセイファート銀河だが、これは単に光度の差で分類されている(表A2.1)。基準になる光度は太陽光度の1兆倍である。これより明るければクェーサー、暗ければセイファート銀河と分類される。エンジンそのものの差ではない。超大質量ブラックホールにガスが降着することでエネルギーを取り出しているのであれば、超大質量ブラックホールの質量とガスの降着率が明るさを決めている。ただ、それだけの差になる。

ライナーは電離度が低いAGNに分類されている。しかし、エンジンそのものはクェーサーとセイファート銀河のものと同じだと考えられている。その場合、電離度を決めるのは

電離光子の個数密度/電離されるガスの個数密度

の比だけである。エンジンが弱いか、周辺に大量のガスがあればライナーとして観測されることになる。

ここまでの話を図A2.3にまとめておいた。電波の強弱は次項で説明することにしよう。

統一できないもの

AGNは電波放射強度の強弱によって名称が異なる(表A2.5)。電波の強弱はかなりコントラストがある。電波が強いAGNの電波放射強度は電波が弱いAGNの約1000倍も強い(図A2.4)。

なぜ、電波が強いAGNと電波が弱いAGNがあるのか？　そして、なぜその差が歴然としているのか？　これらの問いに対する答えはまだ得られていない。

ただ、今回EHTの観測ターゲットに選ばれた電波の強い銀河を見てみると(表6.1)、いずれも楕円銀河であることに気づく。銀河を形づくるのは星々だが、星々の間には希薄なガスが漂っている。星間ガスとよばれるものだ。密度は低く、平均的には1ccあたり、水素原子1個程度である。温度も冷たく、10 K(約−260℃)程度しかない。じつは、楕円銀河にはこのような星間ガスがほとんどない[*1]。銀河の中心にある超大質量ブラックホールの周辺からジェットが出ると、冷たい星間ガスがある場合、それに衝突して、ジェットが止められてしまう。つまり、星間ガスがたくさんある渦巻銀河ではジェットが発達しにくいのだ。そのため、明るい電波ジェットは楕円銀河で見つかりやすくなる。

表A2.5　AGNの電波放射強度による分類

種類	電波が強い	電波が弱い
クェーサー	電波が強いクェーサー	電波が弱いクェーサー
セイファート銀河	広線電波銀河 狭線電波銀河	セイファート銀河

広線電波銀河 = Broad Line Radio Galaxy (BLRG)
狭線電波銀河 = Narrow Line Radio Galaxy (NLRG)

＊1　楕円銀河にもガスはあるにはあるのだが、数万度以上の電離ガス(プラズマ)になっている。

こういう説はあるにはあるのだが、電波が強いAGNの電波放射強度は電波が弱いAGNの約1000倍も強いという性質を説明することはできていない。残念ながら、電波の強弱を含めたAGNの統一モデルはまだ存在しないのだ。

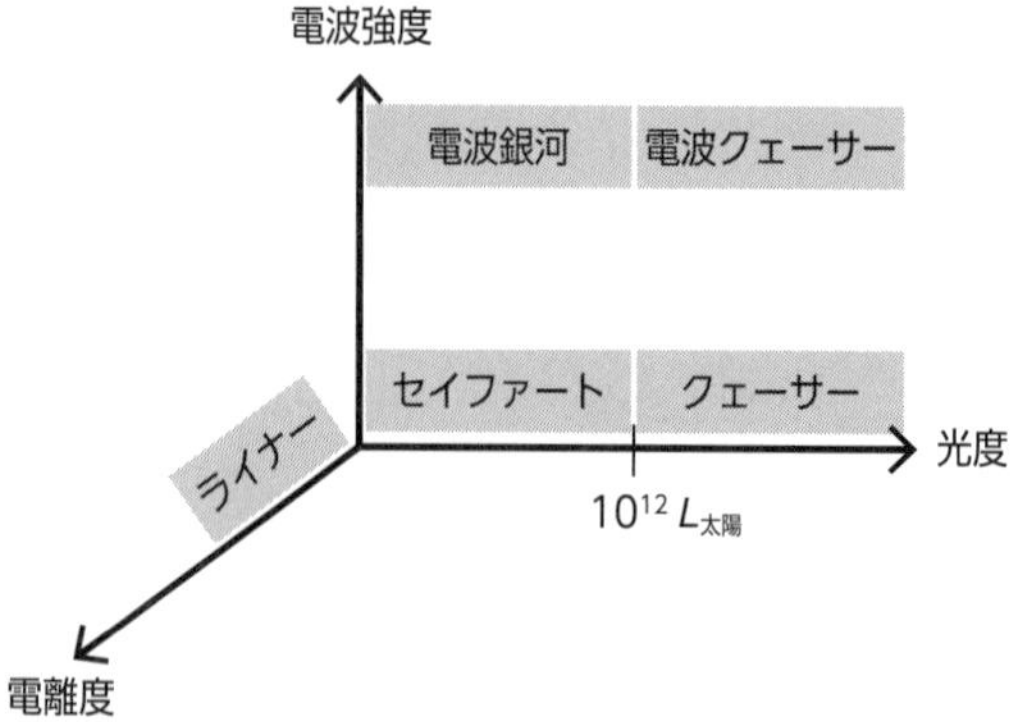

図A2.3 AGNのパラメーターによる分類

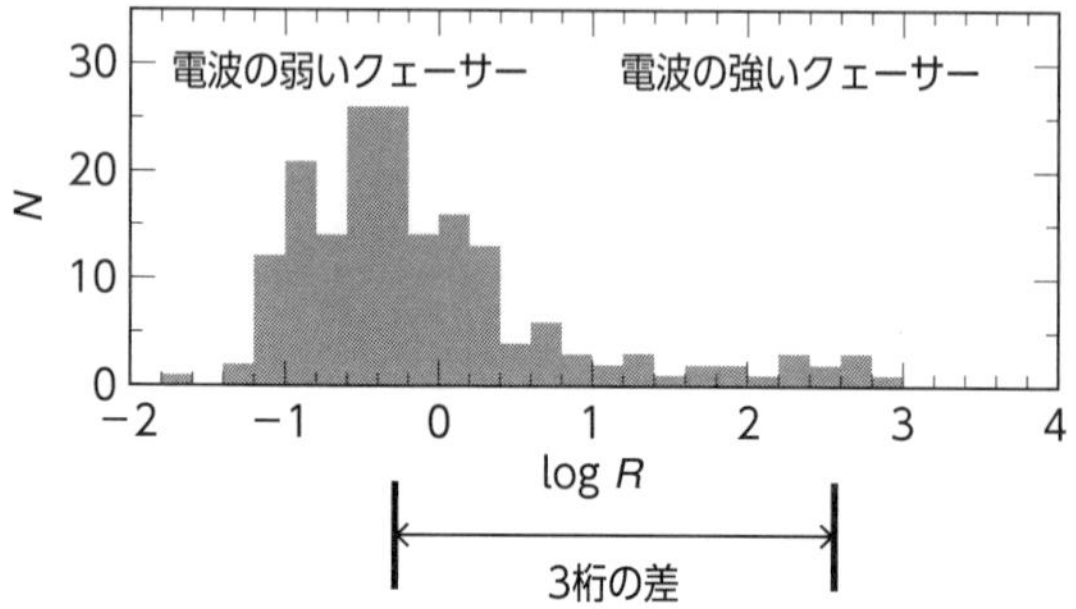

図A2.4 電波（周波数 = 6 GHz）の可視光（i バンド［約800 nm］）に対する相対強度比：$R = F(6\ \mathrm{GHz})\ /\ F(i)$ 、ここでFは放射強度
(K. I. Kellermann *et al.* (2016) ApJ, **831**, 168)

付録3
超長基線電波干渉計(VLBI)

電波はピンボケ

電波望遠鏡といえば、パラボラアンテナが思い浮かぶだろう。図A3.1に示したのは国立天文台野辺山宇宙電波観測所の口径45 mの電波望遠鏡である。巨大なパラボラアンテナである。ハワイ島マウナケア山にある国立天文台のすばる望遠鏡は可視光・赤外線望遠鏡だが口径は8.2 mである。いったいどうして、波長が異なると、こんなに望遠鏡のサイズが変わるのだろうか？

それは電磁波の回折限界が波長に依存するためである。電磁波(光)は波の性質を持つので、望遠鏡を使って像を見ると、ある有限の大きさに広がってしまう。これを回折限界とよぶ。波長をλ、望遠鏡の口径をDとすると、像の広がり(角分解能)は

$$R = \sin\theta = 1.22\ \lambda / D \text{ ラジアン}$$

になる。ここでラジアンは弧度法における角度の単位で、1ラジアン ＝ $(180/\pi)^\circ$ である。

可視光と電波で口径 1 mの望遠鏡を使うとしよう。ここで可視光として波長500 nm、電波として5 mmの電磁波を考えると、

$$R_{\text{電波}} / R_{\text{可視光}} = 5\ \text{mm} / 500\ \text{nm} = 10000$$

となる。つまり、電波では可視光に比べて10000倍、ピンボケになってしまうのだ。それを防ぐために電波望遠鏡の口径は大きくせざるを得ないのである。

図A3.1　国立天文台野辺山宇宙電波観測所の口径45 mの電波望遠鏡
〔国立天文台〕

干渉計で視力アップ

ところが、電波にも一つメリットがある。それは波長が長いため、干渉実験を行いやすいことだ。そこで考えられたのが、電波干渉計である。今回のEHT に参加したALMA電波望遠鏡（アタカマ大型ミリ波サブミリ波電波干渉計）も電波干渉計である（図A3.2）。

ALMAは66台のパラボラアンテナ（口径12 mが54台、口径7 mが12台）から構成されている電波干渉計だが、アンテナ同士はケーブルでリンクされている。そのため、取得されたデータはケーブルで伝送されて、相関器と呼ばれる装置でデータ処理が行われる。このようなケーブルリンクの電波干渉計は自ずと一つの敷地内に設置された電波望遠鏡を用いることになる。電波干渉計の実質的な口径はパラボラ間の距離になるが、敷地面積でリミットされることになる。

そして、VLBI

この制限を取り払った電波干渉計が超長基線電波干渉計 VLBIなのだ。パラボラアンテナは基本的にどこに設置してもよい。観測は独立に行われる。とにかくデータを取ればよいのだ。あとでデータを持ち寄って相関処理を行えばよいからだ(図A3.3)。

パラボラアンテナの設置場所が異なれば、ある一つの天体からやってくる電波の受信時刻はずれる(このずれは図A3.3左のパネルにあるように遅延時間とよばれる)。そのため、きわめて正確な原子時計を用い、時刻のデータと一緒に電波を受信していくことになる。あとで、相関を取るときに、その時刻を参照しながら行うのである。これにより、ケーブルリンクのシステムと同じように電波干渉計として機能するのだ。

このVLBIの原理を考え出したのは英国の天文学者マーティン・ライル(1918-1984)である。彼は「電波天文学における先駆的研究」による功績で、1974年にノーベル物理学賞を受賞した。このときは、パルサーを発見した功績で英国のアントニー・ヒューイッシュとの同時受賞だったが、天文学分野での初めての受賞となった。

図A3.2　南米チリのアタカマ高地、標高5000 mの場所にあるALMA電波望遠鏡のある場所から眺める天の川
〔国立天文台〕

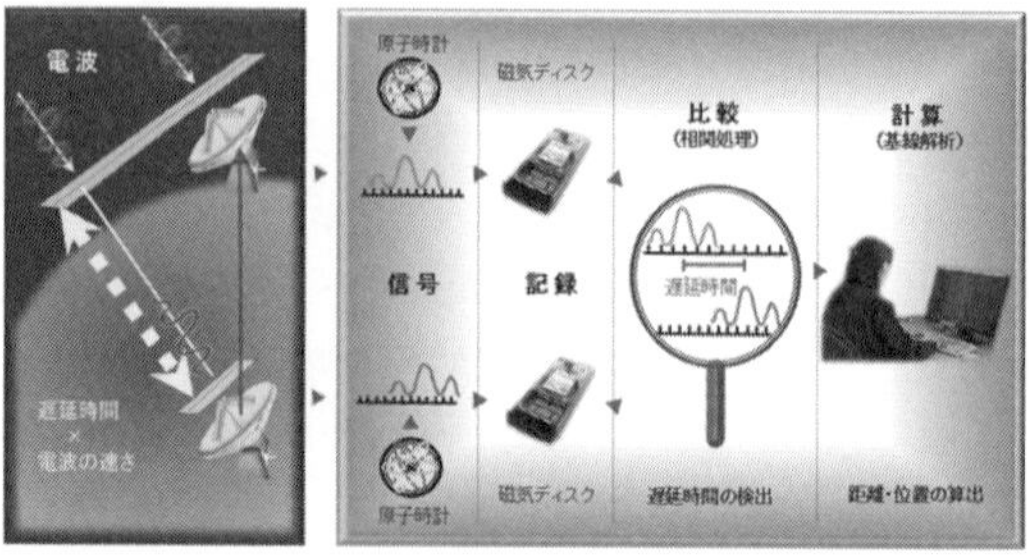

図A3.3　超長基線電波干渉計 VLBIによる観測、データ解析の流れ
〔国土交通省国土地理院ウェブサイト：VLBIとは〕

付録4
スパースモデリング

スカスカなデータ

デジタルカメラで写真を撮る。いまではスマホにもカメラがついているので写真を撮る機会は多い。デジタルカメラには半導体素子が使われている。光を電子に変えて2次元情報を映し込む仕掛けになっている。スマホのカメラでも数百万画素もあるので、かなり高解像度の写真が簡単に撮れる。フィルムの時代から比べれば、ずいぶんと進化したものだ。

それに比べて電波干渉計で取得できるイメージは劣悪ともいえる。EHTが撮影したM87のイメージを見ていただきたい（図A4.1）。実のところ、画像としてはスカスカなのだ。このデータを元にブラックホール・シャドウを見るのだから大変だ。

図A4.1を見ておわかりのように、電波干渉計のデータは、ほとんどの天域の情報が抜けているのである。つまり、データはところどころにしかないということだ。あるいは、データが「疎（スパース）」にしか得られていないのである。したがって、電波干渉計のデータから画像を作成するのは、「解けない」方程式を解くようなものなのだ。

私たちは学校で習った。二つの変数xとyがある場合、独立な条件式が二つなければ解けないことを。たとえば、

$$2x + y = 1$$

$$2x - y = 3$$

という二つの条件式があると、xとyを求めることができる。二つの式の辺々を足すと

$$4x = 4$$

なので、

$$x = 1$$

を得る。これをいずれかの式に代入すると

$$y = -1$$

となる。これでめでたくxとyが求められた。ところが

$$2x + y = 1$$

しかなかったら、どうだろう。xとyの組み合わせは無限にある。つまり、解は求められない。

ここでの例は変数が二つだったが、画像となると変数の数は桁違いに多い。数百万でも数千万でもあり得る。

今度は変数 y が変数xのN次式で表されるとしよう。よくあるケースだ。ある一列の画素のデータを調べる場合に相当する。この場合、

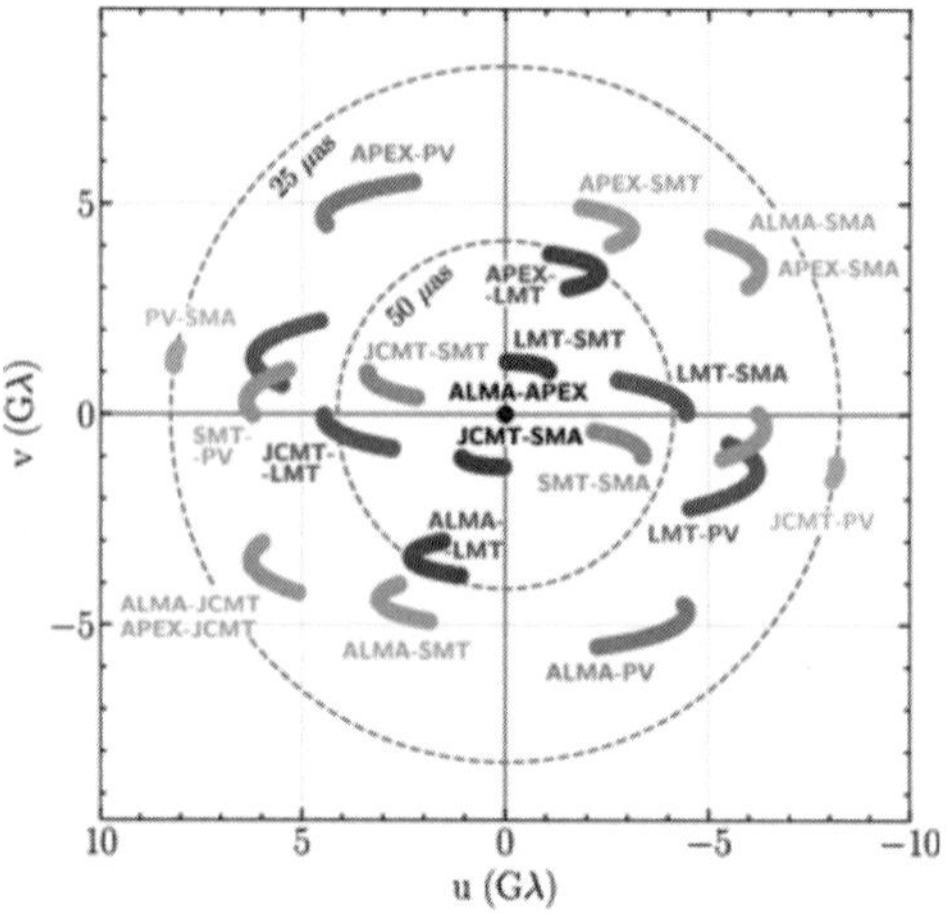

図A4.1　EHTが撮影したM87のイメージ
破線の円は25マイクロ秒角と50マイクロ秒角の大きさを示す。一つひとつの像が紐のように伸びているが、これは地球の自転の効果で観測している天域が移動していくためである。図中のALMAなどの文字は使用された電波望遠鏡。〔EHT Collaboration (2019) ApJ, **875**, L3〕

$$y = a_0 + a_1 x + a_2 x^2 + a_3 x^3 + \cdots\cdots + a_N x^N$$

という式が出てくる。もし、

$$y = a_0 + a_1 x + a_2 x^2$$

なら、単なる2次関数である。放物線だ。これなら簡単だ。

しかし、N次式となると厄介になる。なぜなら定数項のa_0、そしてa_1からa_Nの値を計算しなければならないからだ。$N+1$個の値を計算するので、$N+1$個の独立した式が必要になる。

スカスカさを生かす

しかし、ここで考えるべきことがある。状況によってはほとんどのa_iの値は0であるケースもあり得るからだ。その場合、問題を解くことは格段に易しくなる。このゼロ予測を機械学習で学ばせ、統計的に処理することができる。そもそも干渉計で得られる電波強度のデータは非常に弱い。そのため、このテクニックが有効になる。この手法がスパースモデリングとよばれるものだ。

今回のM87の画像解析では、EHT日本チームがこの手法を磨き上げ、画像の質を大幅に向上させることに成功したのである。そのソフトウェアの名前はSMILIだ。ここでデータの解析手法の違いで、EHTのM87の画像がどのように見えるか比較してみよう（図A4.2）。従来の解析法に比べてEHTチームが開発したソフトウェアを利用するほうが、像がシャープになっていることがわかる。

EHTチームはEHTという地球規模の巨大電波干渉計を構築しただけではなく、よりよい成果が得られるようにデータ解析の手法も独自に開発していたのである。それが、今回の偉大な成果に結びついたことは記憶しておいたほうがよいだろう。一切の妥協を許さない。そのスピリットはあらゆる仕事において、本質的に重要であるということだ。やはり、真面目が一番。それに尽きる。

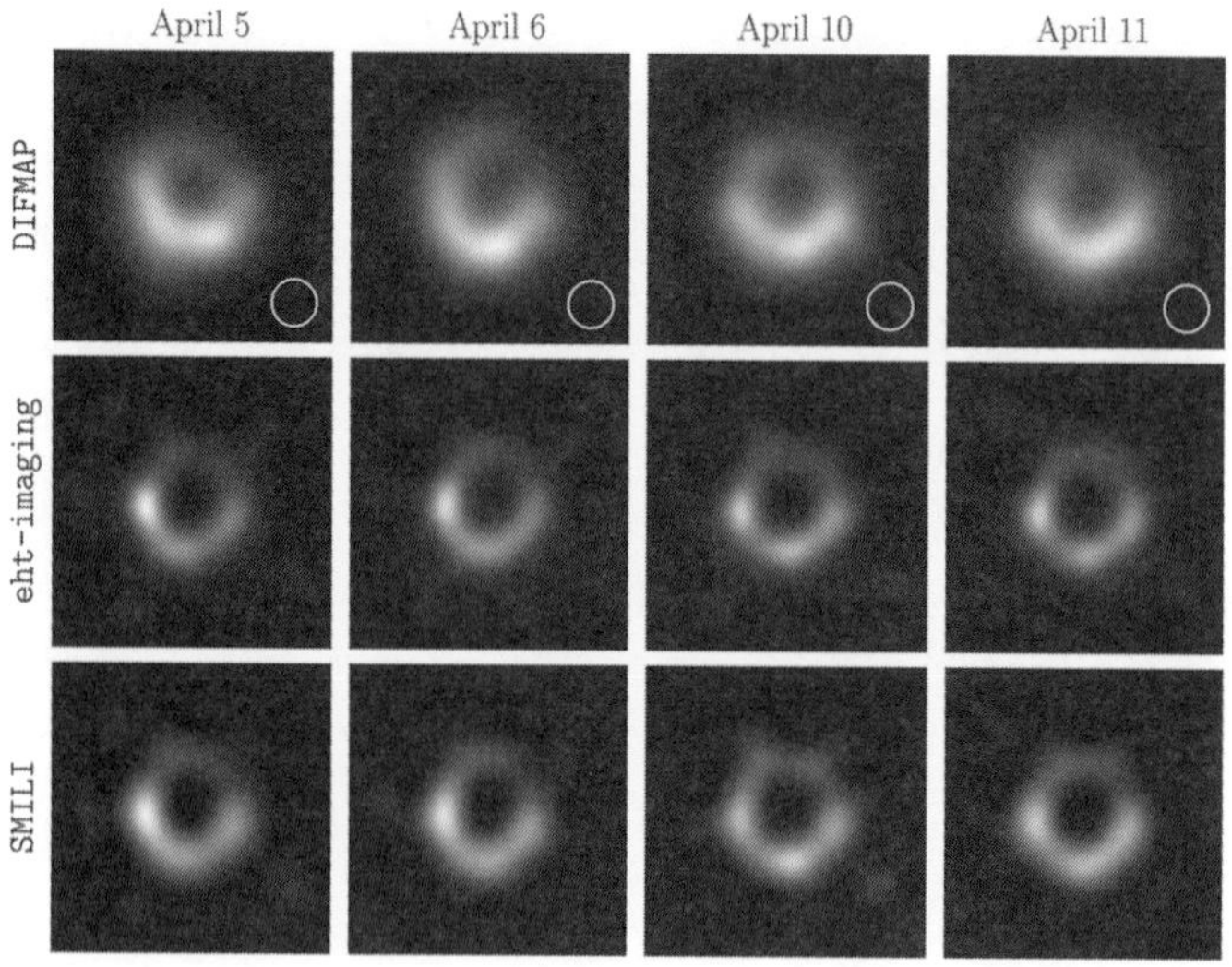

図A4.2　EHTによって2017年4月5日、6日、10日、11日に得られたデータの解析結果

（上段）DIFMAP（従来の方法）、（中段）eht-imaging（米国が提案した解析法）、（下段）SMILI（日本が提案した解析法）。上段の各パネルの右下に示されている円はEHTの角分解能。　〔EHT Collaboration〕

付録5
電波ジェットで観測される超光速運動

3C 279の解説のところで、超光速運動という言葉が出てきた。この超光速運動は見かけの現象である。どうして、このような現象が起こるのか、ここで考えてみることにしよう。

まず、図A5.1を見ていただこう。3C 279 の中心核から放射された光を私たちが観測する時刻は

$$t_1 = D/c$$

になる。ここでcは光速である。一方、電波ジェットがB点まで到達し、そこから放射される光を観測する時刻t_2は中心核からB点までの移動時間と、B点から放射された光が私たちに届く時間を足し合わせたものになる。したがって

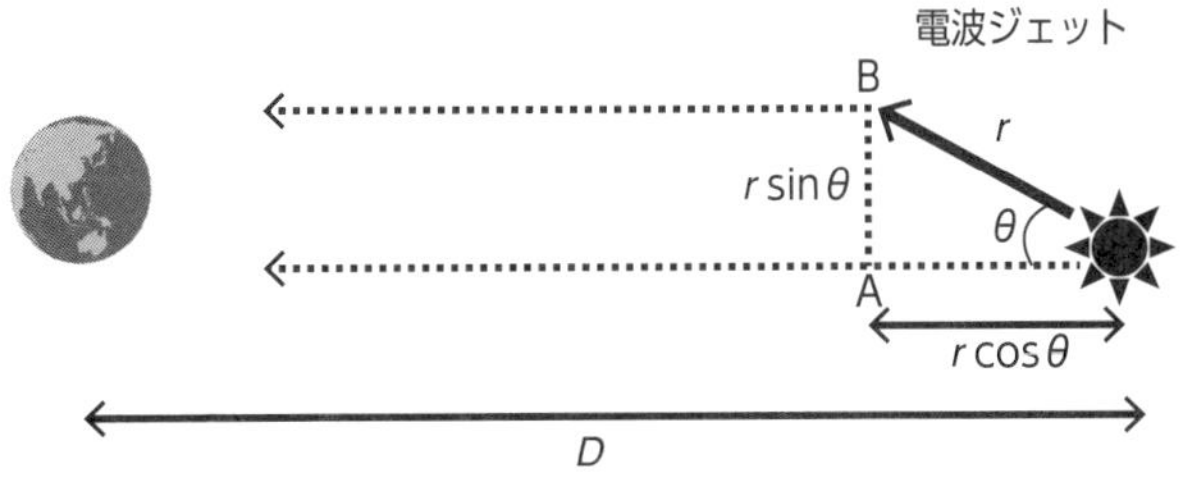

図A5.1 地球から電波ジェットを観測する様子
電波ジェットは右にある星型マークの場所（3C 279）から、視線に対してθの角度で放射されるとする。ジェットの速度はvとする。ジェットがB点に移動したときにも観測するとしよう。私たちから見ると、ジェットはA点からB点に移動したように観測される。

$$t_2 = r / v + (D - r\cos\theta)/c$$

となる。ここで v はジェットの伝播速度である。この間にジェットは移動しているが、私たちが観測する移動距離は $r\sin\theta$ である（つまり、視線に沿う移動距離は無視されてしまう）。以上のことからジェットの見かけの伝播速度 $v_{\text{見かけ}}$ を計算すると

$$v_{\text{見かけ}} = r\sin\theta / (t_1 - t_2) = v\sin\theta / [1 - (v/c)\cos\theta]$$

になる。ここで、例として

$$v = 0.99\,c$$
$$\theta = 30^\circ$$

を採用してみよう。すると、

$$v_{\text{見かけ}} = 0.99\,c \times 0.5 / [1 - (0.99\,c / c) \times 0.87]$$
$$= 7.14\,c$$

となる。つまり、光速の約7倍もの超光速で運動していることになってしまうのだ。

この原因は視線に沿う移動距離を無視していることにある。ただ、現実問題としてはジェットの速度は光速にかなり近い場合でないと、超光速運動は観測されない。

$$v > 0.9\,c$$
$$\theta < 30^\circ$$

の場合、超光速運動になる。

付録 6
可視光-赤外線VLBIなら何が見えるか?

可視光と赤外線

今回のEHTの観測は波長1.3 mmの電波でのVLBI観測だった。見事にブラックホール・シャドウが見えたわけだが、可視光や赤外線でVLBIが可能なら、いったい何が見えるのだろうか？　誰も考えたことのないテーマだが、せっかくの機会なので、一緒に考えてみることにしよう。

まず、可視光と赤外線の波長帯を整理しておくことにしよう。表A6.1にまとめたので、見ていただきたい。

AGNの構造を復習する

AGNの構造については付録2で解説した。図A2.1を再び見てみよう（図A6.1）。中心に超大質量ブラックホールがあり、その周りには降着円盤がある。この図には描かれていないが降着円盤の外側には広線領域（BLR）が広がっている（表A2.3）。そして、これらの構造はトーラス（分子ガスとダ

表A6.1　可視光と赤外線の波長帯

電磁波の種類	波長帯
可視光	0.4 μm − 1 μm
近赤外線	1 μm − 5 μm
中間赤外線	5 μm − 30 μm
遠赤外線[a]	30 μm − 300 μm

a：波長300 μmから900 μmはサブミリ波と呼ばれ、電波に分類される。それより長いものは波長によってミリ波、センチ波、メートル波、……とよばれる。

ストがおもな成分）に取り囲まれている。

　また、それぞれの成分のスケールは図A6.2に示したようになっている。ここでは、例として、超大質量ブラックホールの質量は太陽質量の１億倍

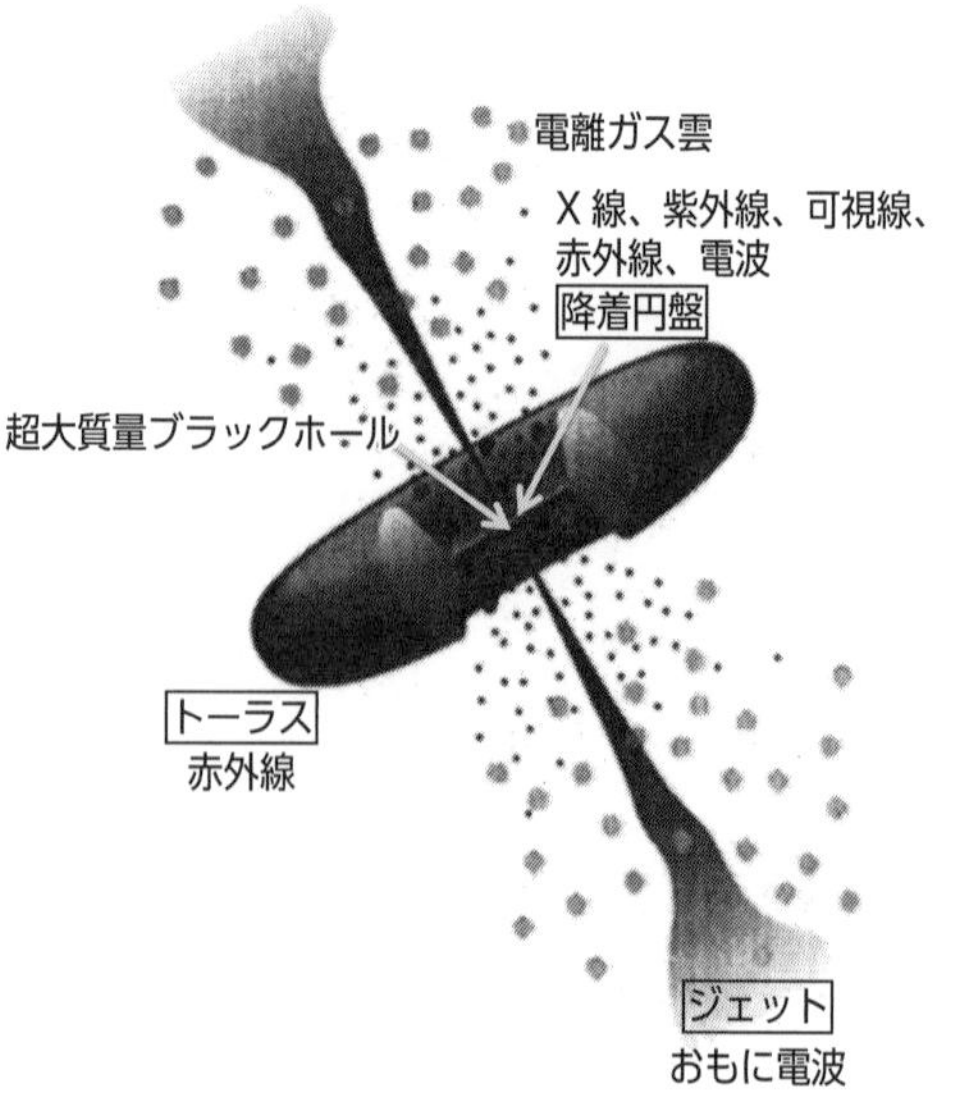

図A6.1 AGNの構造

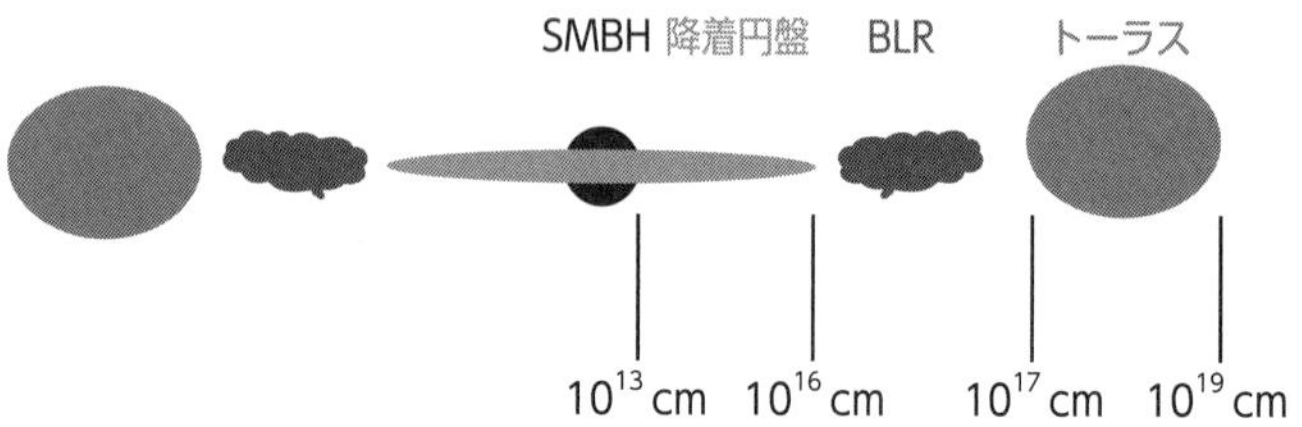

図A6.2　AGNの構造のスケール

ここでは超大質量ブラックホールの質量として太陽質量の１億倍を仮定している。スケールの数字は中心核からの距離。

であると仮定している。1000万倍なら、1/10に、また10億倍なら10倍すればよい。

ここで、図A6.1とA6.2に示した構造の性質をまとめてみよう。

- **超大質量ブラックホール**：見えない。見えるとすれば、背景光に浮かぶブラックホール・シャドウとして見える。
- **降着円盤**：温度は超大質量ブラックホールからの距離で変化する。内側ほど高温で数十万Kにも達する。大きさは超大質量ブラックホールのサイズの1000倍程度で、一番外側では数千Kから数万Kぐらいになる。したがって、赤外線から、可視光、紫外線、そして軟X線の波長帯で見える。また、電波でも見える(図A6.3)。
- **BLR**：電離ガスだが、温度は1万K程度。電子密度は10^{10-12} cm^{-3}程度で、かなり高密度である。ちなみに星間ガスの平均的な密度は1 cm^{-3} 程度でしかない。おもな放射は水素原子の再結合線(輝線放射)である。
- **トーラス**：トーラスには温度が1000 Kから2000 Kのダストがたくさんある。そのため、おもな放射はこれらのダストの熱放射である。放射は近赤外線から遠赤外線に及ぶが、ピークは中間赤外線にくる(約10μm)。

今回EHTで観測されたブラックホール・シャドウは降着円盤が放射する電波を背景光としてブラックホールが浮かび上がったものである。しかし、降着円盤は電波のみならず、可視光や赤外線も放射しているので、原理的には可視光でも、赤外線でもブラックホール・シャドウが見えるはずである。もちろん、見るためにはEHTが達成したようなきわめて高い解像力が必要になる。

可視光から赤外線でAGNを見る

さて、こうしてみると、活動銀河中心核の御本尊である超大質量ブラックホールを眺めるには、別に電波である必要はないことがわかる。なぜ

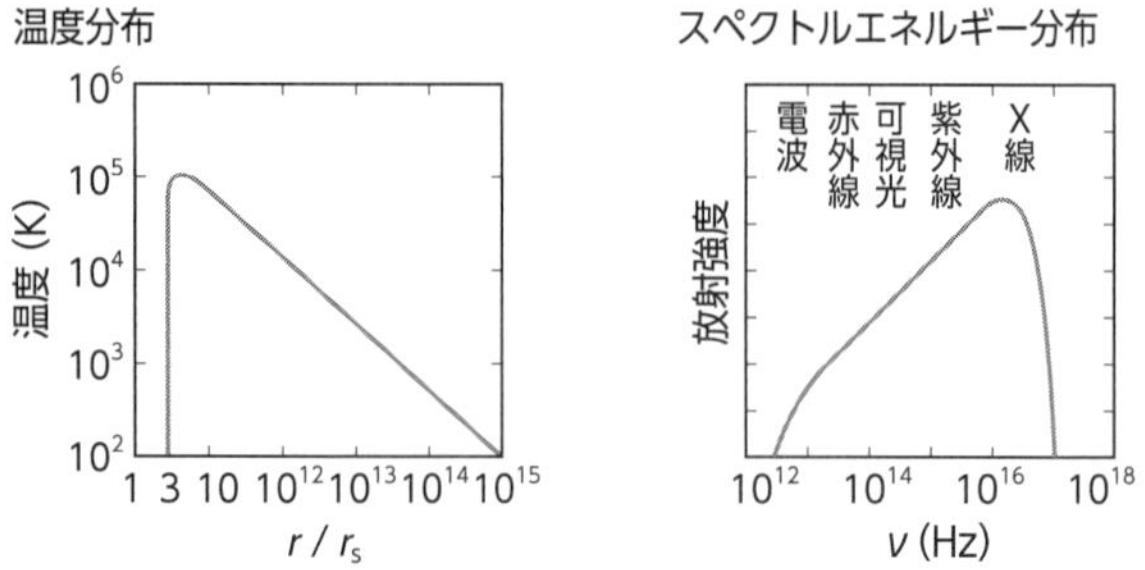

図A6.3 （左）降着円盤の温度分布、（右）降着円盤から放射される電磁波のスペクトルエネルギー分布

（左）横軸はブラックホール中心からの距離でシュバルツシルト半径（r_S）を単位としている。相対論的な効果で$r < r_S$の領域は円盤が不安定になり、存在できない。（右）縦軸は放射強度 F_νに振動数をかけたものになっている（νF_ν）。

EHTの観測が電波だったかというと、それはVLBI観測が可能なのは現状では電波だけだからだ。超高空間分解能を達成するにはVLBIの手助けが必須である。

では、もし可視光から赤外線でVLBIが可能なら、私たちはいったい何を見ることができるのだろうか？　ブラックホール・シャドウ？　あるいは、それ以外の構造も見ることができるのだろうか？　興味がそそられるところだ。

まず、ブラックホール・シャドウ。これは背景光に浮かび上がるブラックホール周辺の光子球の姿だ（第2章）。光子球はブラックホールがあれば、その周りにできている。したがって、見ることができる条件はただ一つ。背景光があるかどうかだ。前項で見たように、降着円盤は可視光でも赤外線も輝いている。したがって、可視光でも赤外線でもVLBIが可能なら、ブラックホール・シャドウを見ることができる。

中間赤外線

現状ではVLBIは電波の波長帯でしか実現していない。波長が短くなる

と、電磁波を干渉させて画像を得ることが格段に難しくなるからだ。そこで、あまり贅沢《ぜいたく》をいわないことにしよう。可視光よりは赤外線のほうが波長は長い。そこで、赤外線帯でのVLBI観測の可能性を考えてみることにしよう。千里の道も一歩からである。

次の問題は、赤外線の中で、どの波長帯を選ぶかだ。表A6.1にまとめたように、赤外線には近赤外線、中間赤外線、そして遠赤外線がある。遠赤外線は波長がざっと100 μm（つまり、0.1 mm）なので、電波のサブミリ波帯と近い。そのため、現状のVLBIが実現している波長帯に近いので、挑戦的ではない。とはいえ、可視光帯に近い近赤外線に一足飛びにいくのは無謀だ。そこで、ここでは中間赤外線に注目してみることにしよう。

中間赤外線は波長が5 μmから30 μmの電磁波である。じつは、ここで中間赤外線に的を絞ったのは、地上の天文台でも観測可能な波長帯だからだ。波長30 μmを超える遠赤外線は地上の天文台では観測できないので、宇宙望遠鏡に頼るしかなくなる。このような観測の制約は地球の大気に起因している。地球の大気にあるさまざまな分子が宇宙からやってくる波長の長い赤外線を吸収してしまい、地上では観測できなくなるからである（図A6.4）。酸素、二酸化炭素、水分子による吸収で、地上での観測に大きな制約が出ることがわかるだろう。近赤外線はおおむね観測可能であるが、中間赤外線では波長 8 μmから14 μmまでは観測可能であるが、それ以外の波長帯では絶望的である。

表A6.2に近赤外線から中間赤外線で主として観測される波長帯をまとめておいた。図A6.4で見たように、地上の天文台で観測する場合、Nバンド（波長10 μm）がフロンティアになる。

だが、ここで注意が必要である。地上ならどこでもNバンドでの観測ができるわけではない。できるだけ標高の高い場所に設置された天文台でないと、精度の高い観測はできない。ちなみに、日本国内では無理だと思ったほうがよい。

たとえば、すばる望遠鏡が設置されているハワイ島マウナケア山の山頂（標高4200 m）やALMA電波干渉計がある南米チリのアタカマ高地（標高

表A6.2　近赤外線から中間赤外線で主として観測される波長帯

バンド	中心波長(μm)
J	1.25
H	1.6
K	2.2
L	3.5
M	5
N	10
Q	20

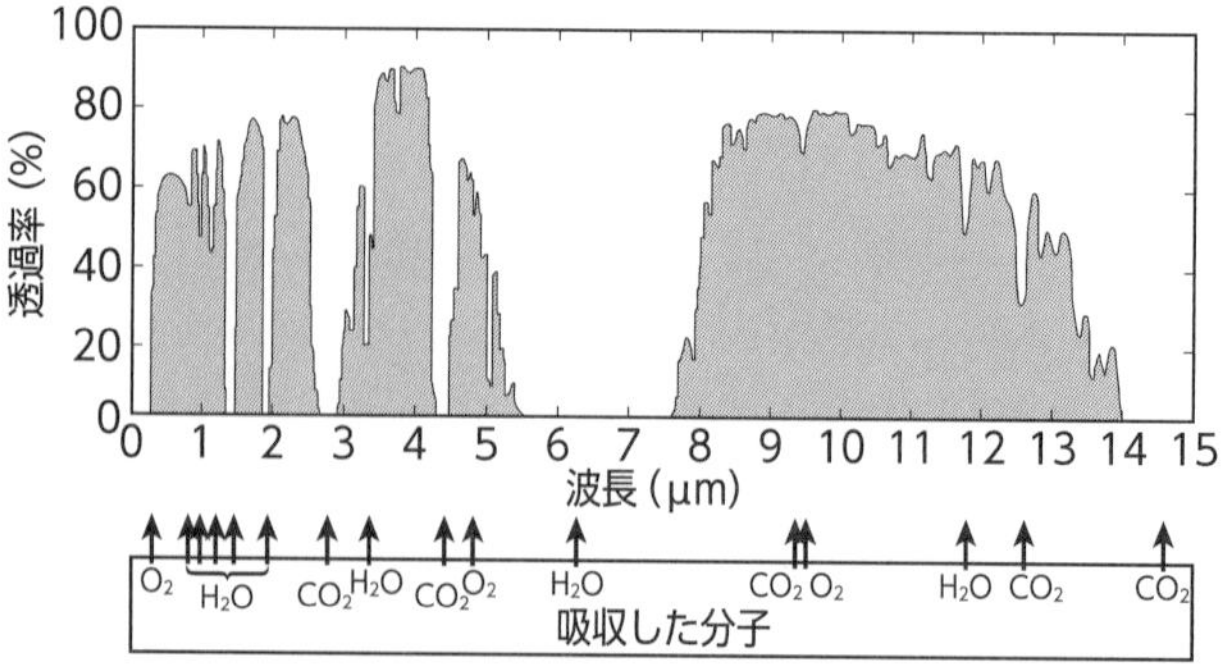

図A6.4　近赤外線と中間赤外線に対する地球大気の透過率

5000 m）なら観測が可能になる。しかし、それでも一年中観測できるわけではない。マウナケア山の山頂で中間赤外線の観測ができるのは、年間10%程度でしかない。

中間赤外線で見るブラックホール・シャドウ

では、中間赤外線でブラックホール・シャドウを見たらどうなるのだろうか？　今回のEHTのM87の観測では、波長1.3 mmの電波が用いられた。つまり、波長はメートルの単位で表すと

$$\lambda_{EHT} = 1.3\ mm = 1.3 \times 10^{-3}\ m$$

である。

中間赤外線で観測する場合、図A6.4を見るとわかるが、波長10μmぐらいがやりやすそうだ。そこで、EHTの観測と比較しやすいように13μmを選ぶことにしよう。同様に、波長をメートルの単位で表すと

$$\lambda_{中間赤外線} = 13\ \mu m = 1.3 \times 10^{-5}\ m$$

になる。つまり、EHTの観測より100倍短い波長に相当する。そのため、角分解能も100倍向上する。光子球のサイズは超大質量ブラックホールの質量で決まってしまうので、角分解能を向上させても、超大質量ブラックホールにより肉薄できるわけではない。しかし、光子球の様子はより精度よく見極めることができる。たとえば角運動量を持つカー・ブラックホール がある場合、光子球の形は歪められるが（図2.10）、それをより高精度で観測することは可能になるだろう。

中間赤外線干渉計

何だか夢のような話が続いていると思われるかもしれないが、中間赤外線帯での干渉計実験はすでに行われている。使われている望遠鏡はハワイ島マウナケア山にあるケック天文台と南米チリのパラナル高地にあるヨーロッパ南天天文台VLT（Very Large Telescopes）だ。ケック天文台は口径10 mの反射望遠鏡が2台で構成されている。一方、VLTは口径8.2 mの反射望遠鏡が4台で構成されている。元々干渉計実験を行うことが予定されて建設されたものだ。

ここでは中間赤外線干渉計として、成果を出してきているVLTの観測の現状を見てみることにしよう。VLTは4台の口径8.2 mの反射望遠鏡と口径1.8 mの移動可能な4台の反射望遠鏡で干渉計を構成している。VLTI（Very Large Telescope Interferometer）とよばれるシステムだ（図A6.5）。

図 A6.5　VLTI (Very Large Telescope Interferometer)
ここには4台の口径8.2 mの反射望遠鏡だけが示されている。　〔ESO〕

図A6.6　VLTIの中間赤外線干渉計用に開発された検出器MIDI
〔ESO〕

VLTIの中間赤外線干渉計用に開発された検出器はMIDI (Mid-Infrared Interferometric Instrument)とよばれるものだ(図A6.6)。MIDIは8 μmから13 μmの中間赤外線を観測できる。8.2 mと1.8 mの望遠鏡からのデータを干渉させる装置だ。干渉に成功したのはなんと2002年のことだった。2015年まで使用されたが、現在は第二世代の装置が製作されている最中である。

VLTI/MIDIは近傍の宇宙にある23個の活動銀河中心核の中間赤外線の観測を行った。達成された角分解能5ミリ秒角。中心領域の0.3光年から30光年のスケールの構造を見極めることに成功した。ここではコンパス座にある活動銀河中心核を持つ銀河ESO97-G13の例を見てみることにしよう(図A6.7)。

図A6.7　コンパス座にある活動銀河ESO 97-G13

距離は1300光年。コンパス座はCircinusという名前なので、この銀河はCircinus galaxyとよばれることが多い。〔NASA, A. S. Wilson (U. Maryland); P. L. Shopbell (Caltech); C. Simpson (Subaru Telescope); T. Storchi-Bergmann & F. K. B. Barbosa (UFRGS); & M. J. Ward (U. Leicester)〕

図A6.8にVLTI/MIDIが見たESO 97-G13の中心部の姿を示した。中間赤外線で見ると、中心核領域には三つの独立した成分があることがわかった。中央やや左上にある丸い構造、ジェットと直交する円盤のような構造、そしてジェット方向に伸びる構造である。これらの構造はダストの熱放射で見えている。つまり、3種類のダスト構造があることがわかる。これらの中で、図A6.2に示したトーラスに相当するのはジェットと直交する円盤のような構造である。ジェット方向に伸びる構造はジェットと共に吹き上げられたダストが熱放射を出して見えているのだろう。ただ、左上にある丸い構造の起源はわからない。トーラスの一部かもしれないが、今後の探求が必要になるだろう。

いままで、このような複雑なダストの構造があるとは、誰も知らなかった。やはり、高分解能で観測することの重要性がわかる。

ダスティ・トーラス

VLTIはVLTの設置されている天文台の敷地のサイズが基線長になる。100 m程度なので、EHTのようなマイクロ秒角の角分解能を達成することはもちろんできない。そのため、ESO97-G13などの近傍宇宙にある銀河を観測して達成できる分解能は0.1光年から10光年のスケールになる。活動銀河中心核をこのスケールで眺めて見えてくるのはダスティ・

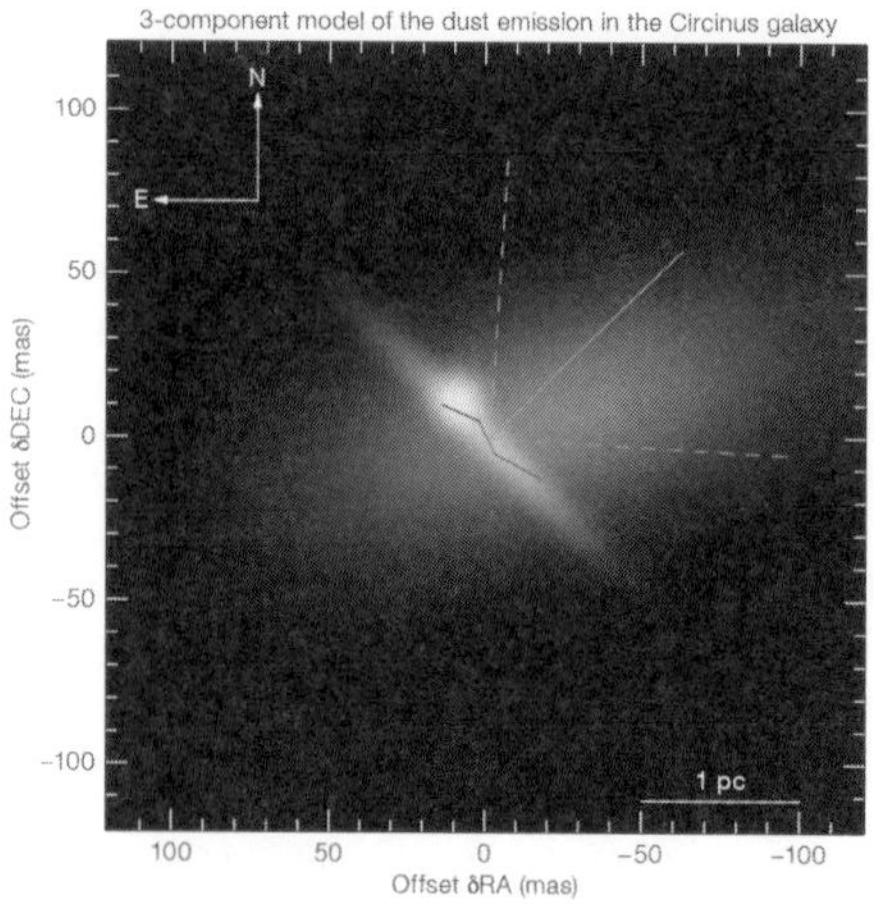

図A6.8　VLTI/MIDIが見たESO 97-G13の中心部
右斜め上に伸びる実線はジェットの出ている方向。点線はジェット周辺の電離ガス領域の広がりで、コーン状に出ている。中央にある左上から右下に伸びる折れ線は水分子で観測されているメーザー輝線の分布。左下ではわれわれから遠ざかる方向に運動しており、右上ではわれわれに近づく方向に運動している。これは分子ガスの回転運動を反映している。右下にあるスケール1 pc は3.26光年に相当する。口絵参照。〔ESO〕

トーラスである(図A6.2、および図A2.1とA2.2を参照)。

図A6.2では単に「トーラス」という表現を用いた。これはドーナツ状の構造のものだが、幾何学で用いられる用語である。日本語では「円環体」とか「輪環体」とよばれるものだ(図A6.9)。

活動銀河中心核の周りにあるトーラスのおもな成分は分子ガスとダストである。つまり、基本的には分子ガス雲である。分子ガス雲の中のガスとダストの質量比は100対1である。ガスのほうが100倍も質量が多い。しかし、トーラスを表現するとき、分子トーラスとよぶ場合と、ダスティ・トーラスとよぶ場合がある。おもな成分を考えれば分子トーラスとよんでもよいが、結構な頻度でダスティ・トーラスも用いられる。これはトーラスが中心核を隠す場合(図A2.1、A2.2、表A2.3を参照)、隠しているのは

おもにダストになるからである。そして中間赤外線で輝くのはダストなので、この項ではダスティ・トーラスという言葉を選んだ。

では、実際の観測結果から推定されたダスティ・トーラスの様子を見てみよう。図A6.10に示したのは、セイファート銀河 NGC 1068（図7.16）のALMAによる観測から得られた描像である。半径20光年のダスティ・トーラスの姿だ。

ALMAを用いてNGC 1068 の中心領域にある高密度分子ガス雲の分布を見ると面白い構造が見えてくる（図A6.11）。一つは馬蹄《ばてい》形をした非対称なガス雲だ。半径は700光年である。そしてもう一つは中心にあるコンパクトなガス雲で半径はわずか20光年しかない。

中心にあるコンパクトなガス雲をクローズアップすると、円盤を横から眺めたような構造をしている。そして、回転運動をしている（図A6.12）。

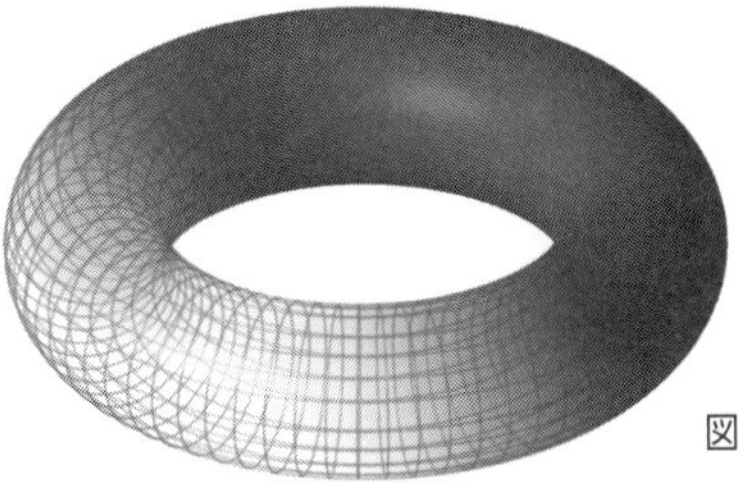

図A6.9　トーラスの形状

図A6.10　セイファート銀河NGC 1068のALMAによる観測から得られた描像

外側に見えるトーラスの半径は20光年。本文で述べるように強度分布や運動状態に乱れは見られるが、ここでは対照的な形状で示されている。また、ジェットはトーラスに直交する方向に出ている。〔ALMA (ESO/NAOJ/NRAO)〕

これこそトーラスである。ただし、詳しく見てみると、西側(図では右側)のほうが分子輝線の強度が強い。また、回転運動にも乱れが見える。非対称な馬蹄形のガス雲のことも考慮すると、第7章で述べたように、やはりこの銀河には衛星銀河の中心核が落ち込んでいった可能性が高い。

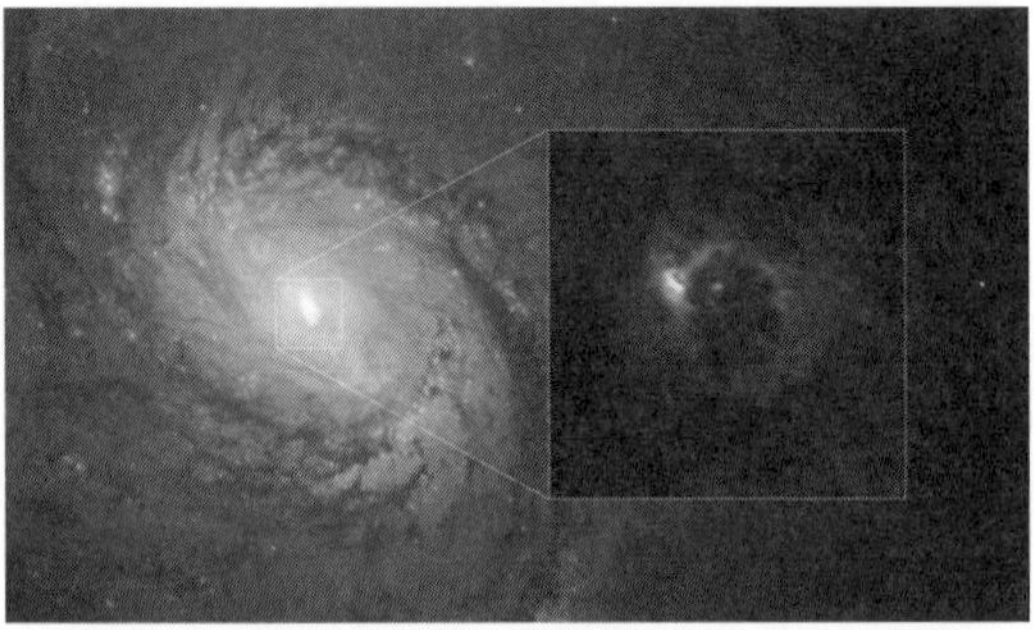

図A6.11 NGC 1068 の中心領域にある高密度分子ガス雲の分布
馬蹄形をした非対称なガス雲(半径700光年)と中心のコンパクトなガス雲(半径20光年)が見える。HCO^+分子(ホルミルイオン)、HCN(シアン化水素)分子の放射する電波輝線。口絵参照。〔ALMA (ESO/NAOJ/NRAO), M. Imanishi *et al.*, NASA/ESA Hubble Space Telescope & A. van der Hoeven〕

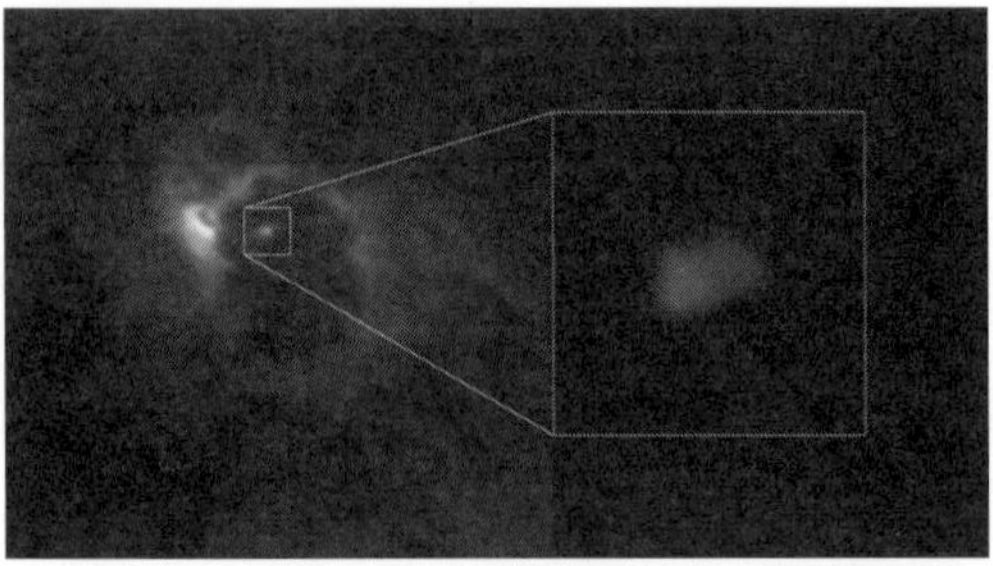

図A6.12 NGC 1068 の中心のコンパクトなガス雲(半径20光年)のHCO^+分子(ホルミルイオン)とHCN(シアン化水素)で調べられた回転運動
右はわれわれに近づくガス雲で、左は遠ざかるガス雲である。口絵参照。
〔ALMA (ESO/NAOJ/NRAO), M. Imanishi *et al.*〕

ダイナミックなダスティ・トーラス

ところで、ダスティ・トーラスは図A6.10に示したように、端正な姿をしているのだろうか？　この図を見る限り、力学的にも穏やかな運動をしているように感じる。ところが、ダイナミックな姿と運動を示すダスティ・トーラスも観測されている。その銀河はVLTI/MIDIのところで紹介したコンパス座にある活動銀河ESO97-G13である（図A6.13）。

ALMAで観測したのは一酸化炭素分子と炭素原子の放射する輝線領域である。炭素原子は活動銀河中心核からの強烈な放射により、一酸化炭素分子が壊されてつくられている。そのため、炭素原子のほうがより温度の高い領域に分布している。このことを考慮に入れてガスの分布と運動状態を調べると、この銀河の中心領域には図A6.14に示すような三つの成分があることがわかった。

これらの一連のガスの分布と運動をコンピューター・シミュレーションしてみた結果を図A6.15に示す。見事に観測から予想されたガスの分布と運動が再現されている。なお、この図ではトーラスを真横から見ている。

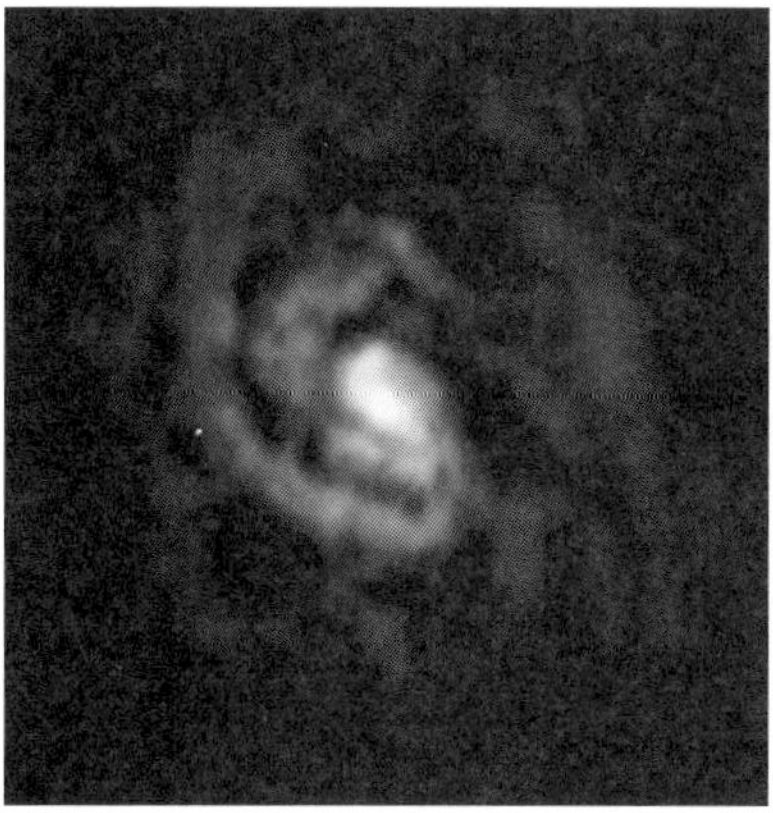

図A6.13　ALMAの観測で得られたESO97-G13の中心部（約300光年四方）
オレンジは一酸化炭素の分布を、水色は炭素原子の分布を示す。
〔ALMA（ESO/NAOJ/NRAO）, T. Izumi *et al.*〕

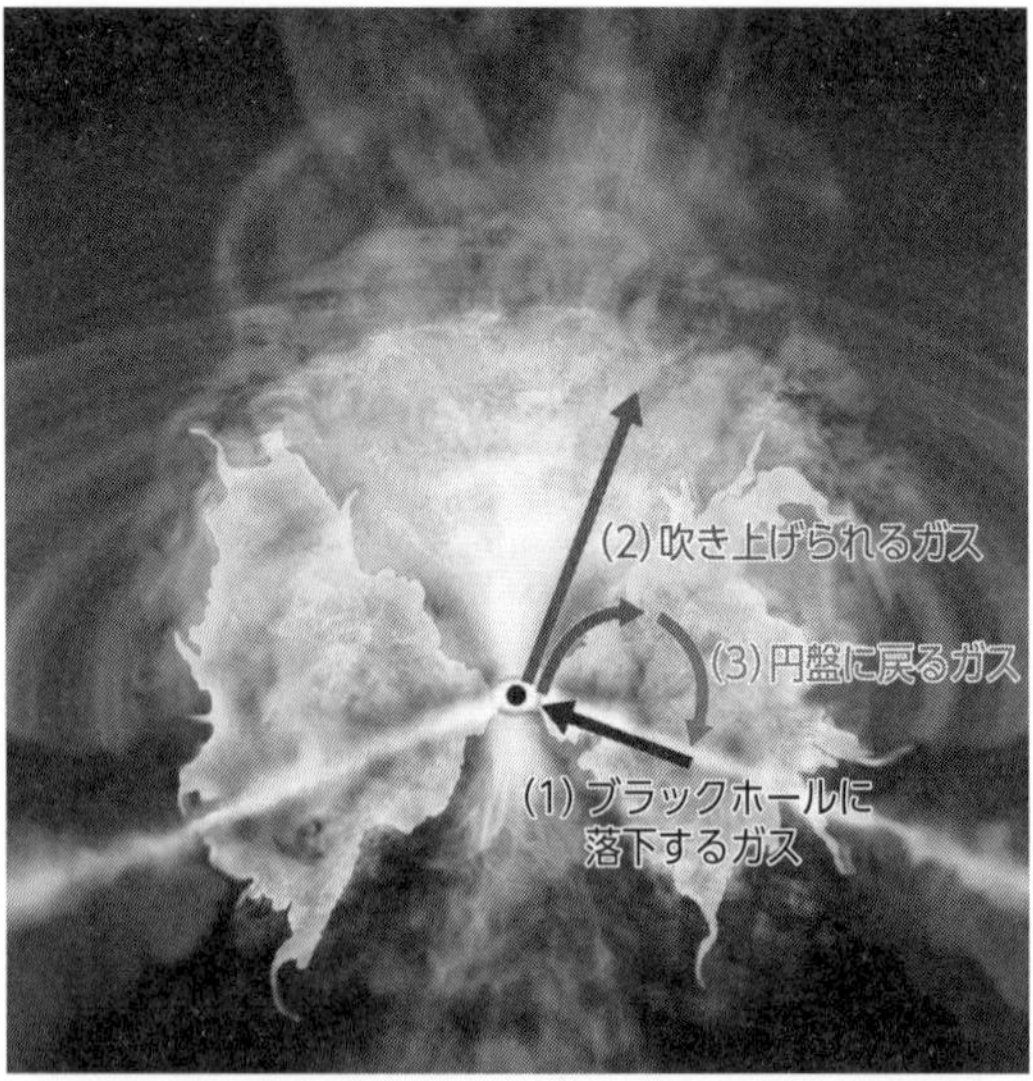

図A6.14　ALMAの観測から推定されたESO97-G13の中心部にあるガスの三つの成分

(1) 超大質量ブラックホールに流れ込んでいくガス、(2) 降着円盤の熱放射で吹き上げられるガス、(3) 再び円盤に戻っていくガス。　〔国立天文台〕

つまり、トーラスは静的なものではなく、きわめて動的な性質を持つが、全体的な構造としてはトーラスのような構造をしていることを示唆しているのだ。

付録２で見たように、トーラスは活動銀河中心核の統一的な理解に重要な役割を果たしていた（１型と２型の解釈）。しかし、実のところトーラスの一般的な性質を私たちはまだきちんと理解していないのだ。

まず、明らかにすべき問題は

・トーラスは静的か動的か？

ということだ。次に明らかにすべきことは

・トーラスは一様なのか、それともむらがある構造なのか？

である。コンパス座にある活動銀河ESO97-G13のトーラスはALMAで観測すると、動的な描像になるが、VLTI/MIDIの観測では静的な描像になる。ただ、VLTI/MIDIの観測でも中心からずれたところに構造が見えていたので（図A6.8）、静的か動的かは別にしても、むらがある構造をしているのかもしれない。

今後、中間赤外線でVLBIの観測ができるようになると、トーラスの統一的な描像を得ることができるようになるだろう。

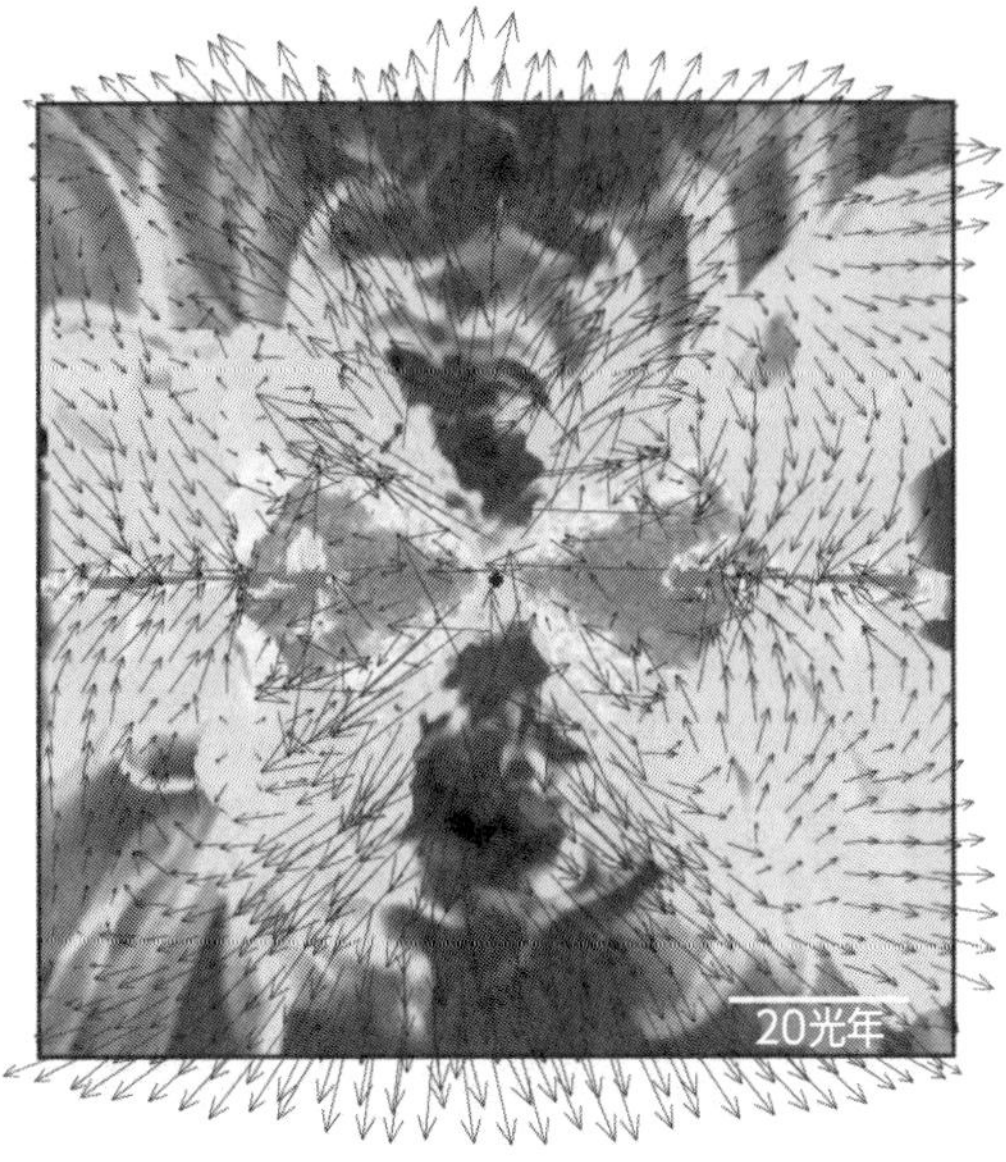

図A6.15　図A6.14に示された三つのガス成分をコンピューター・シミュレーションで再現したもの
矢印はガスの動きを示す。〔国立天文台〕

中間赤外線EHT

最後に中間赤外線帯におけるイベント・ホライズン望遠鏡（EHT）のようなVLBI観測網が配置できるか見てみよう。

EHTについては第4章で説明したように、パラボラアンテナを地球規模に展開してVLBI観測ができるようになっている（図4.1）。そこで、図4.1に赤外線の観測が可能な望遠鏡をラインアップして見たのが図A6.16である。こうしてみると、じつは現状でも中間赤外線EHTを構成することは可能なのだ。実現できれば電波EHTに比べて角分解能が約100倍向上するので、より細かい構造が見えてくるだろう。何しろ、視力は300万ではない。3億になるからだ。

中間赤外線EHTで見るブラックホール・シャドウ

まず、降着円盤の放射する赤外線を背景として、ブラックホール・シャドウを見ることができる。シャドウの詳細な情報を得ることができるので、カー・ブラックホールの場合なら、シャドウの歪み具合から判定できるようになるだろう。ただし、シャドウのサイズそのものは光子球のサイズで決まっているので（第2章参照）、電波で見たときと同じサイズに見える。

また、中間赤外線EHTは超大質量ブラックホールとその周りにある降着円盤を取り囲んでいるダスティ・トーラスを正確に捉えることができる。トーラスの内径は0.1光年程度とコンパクトなので、やはり中間赤外線EHTの威力が発揮されることになる。

中間赤外線EHTで見るトーラス

NGC 1068のところで説明したが、ALMAの電波観測ではスペクトル輝線のデータからトーラスのダイナミックスを調べることができていた（図A6.12）。では、このような研究は電波の専売特許なのだろうか？　そんなことはない。中間赤外線でも可能である。なぜなら、中間赤外線帯に

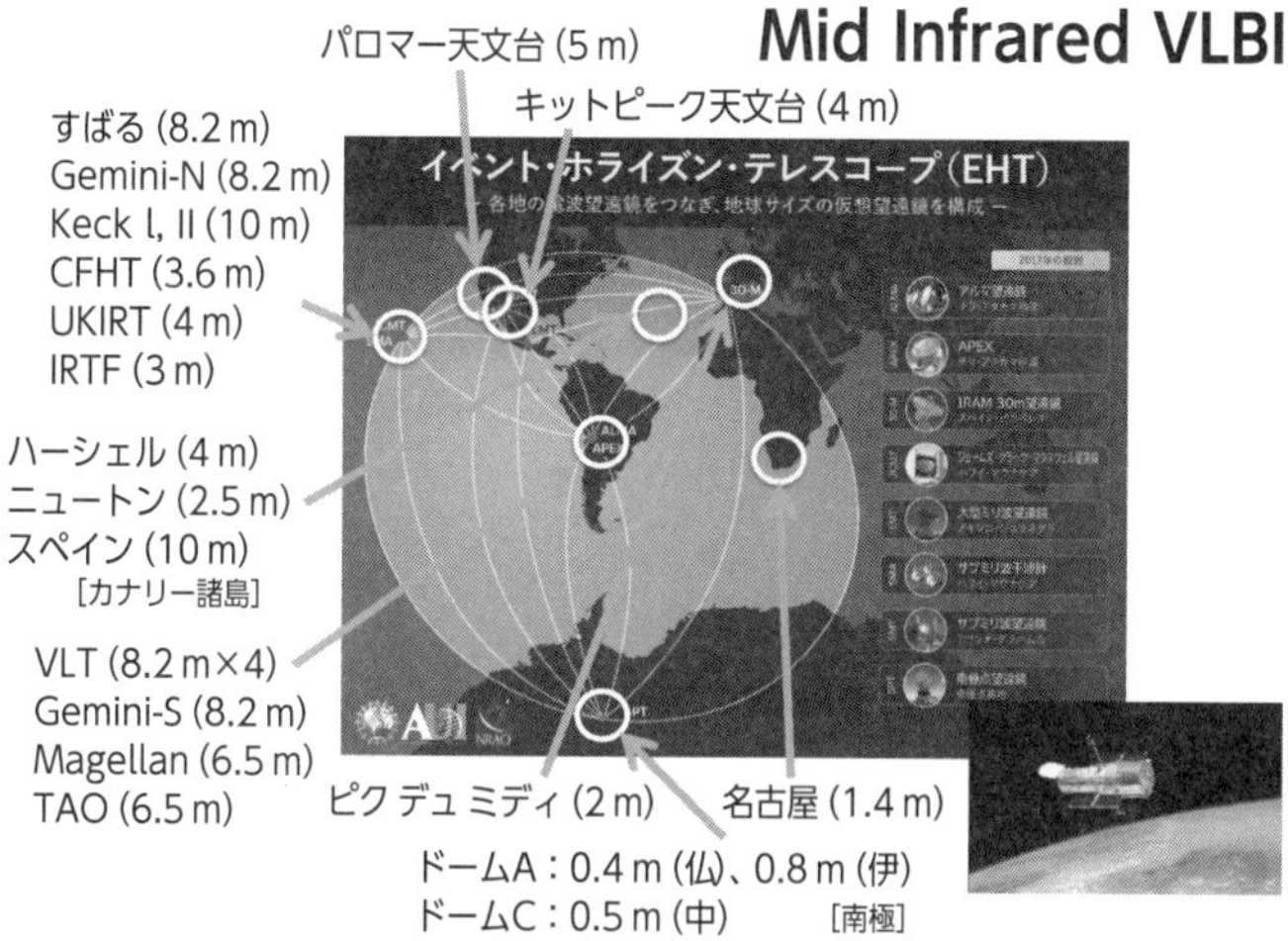

図A6.16　中間赤外線EHTの配置

いずれも近赤外線の観測能力を持った望遠鏡がラインアップされている。ハッブル宇宙望遠鏡は現在のところ紫外線、可視光、近赤外線しか観測できない。後継機のジェームズ・ウェッブ宇宙望遠鏡は中間赤外線の観測機能（波長30 μmまで観測可能）が高いので、期待されるところだ（図A6.17）。2021年以降の打ち上げが予定されている。ちなみに口径は6.5 mである。　〔左原図：NRAO/AUI/NSF、右図：NASA/ESA〕

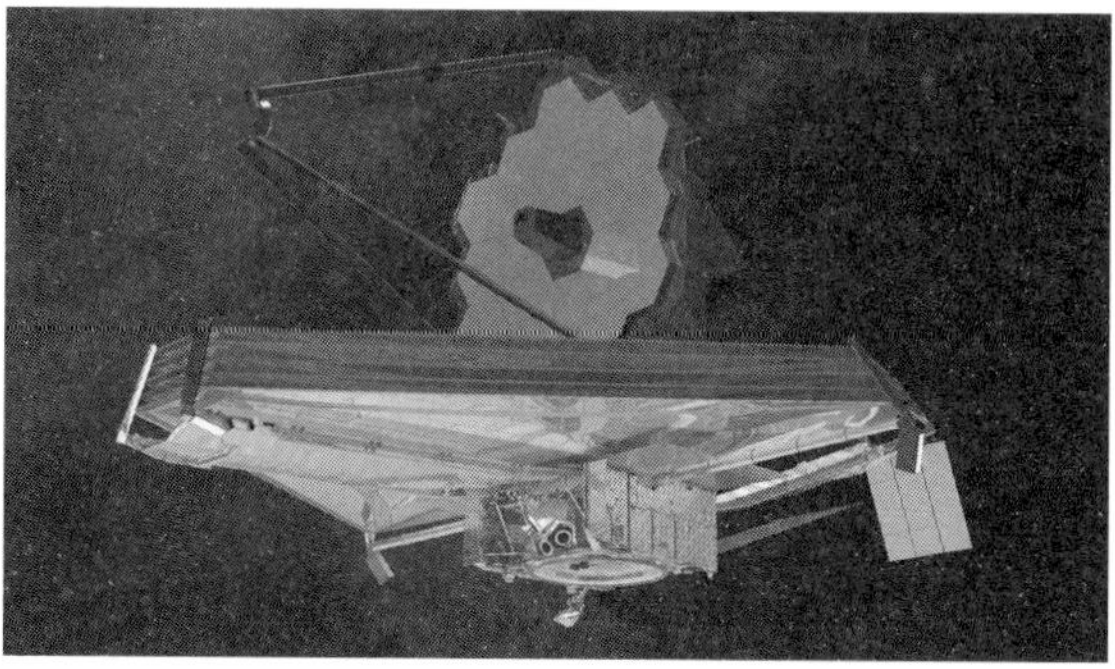

図A6.17　ジェームズ・ウェッブ宇宙望遠鏡　〔NASA〕

もいくつかの明るいスペクトル輝線があるからだ(図A6.18、表A6.2)。

表A6.2を見ると、活動銀河中心核付近で観測される近赤外線から中間赤外線帯のスペクトル輝線がたくさんあって驚かれるかもしれない。ただ、トーラスをプローブできる輝線は限られている。表の中で使えるのは水素分子と水分子の輝線だけになる。ただし、水分子*2の輝線は波長40 μm なので、地上の天文台での観測は不可能である。そのため、実質的に使えるのは水素分子の輝線だけになる。

ブラケット[ ]で囲まれた輝線は量子力学的に禁止されている遷移で放射される輝線であり、禁制線とよばれる。禁止されているのに放射されるのは不思議に思われるかもしれない。銀河の中のガス雲ではガスの個数密度が非常に低いので、原子やイオンは他の粒子(たとえば電子など)と相互作用する確率が小さい。つまり、ずっと放っておかれているような状態が続く。そのため、長い時間の経過とともに、エネルギーの低い準位に遷移することが起こり得る。禁止されていてもある確率で放射されるためである。これらの禁制線は主として電離ガス領域から放射される。トーラスは分子とダストでできているので、電離ガスは存在しない。そのため、禁制線はトーラスの外側にある電離ガス領域から出てくる。

中間赤外線EHTは可能か?

問題は中間赤外線帯の観測で安定したVLBI機能を持たせることができるかどうかである。これは今後の技術開発に委ねられるだろう。

チャレンジする価値はきわめて高い。なぜなら、今回のEHTのブラックホール・シャドウの観測が天文学の発展に大きな寄与をしたことは確か

---

*2 表A6.2の最後に出てくる o-H_2O を指す。最初についている符号の o はオルソ(あるいはオルト)を意味する。水素分子には水素原子が2個あるが、それぞれスピン(自転を意味する量子数)がある(核スピンとよばれる)。2個の水素原子の核スピンが平行なものをオルソ水素分子とよぶ。反平行の場合はパラ水素分子とよぶ。

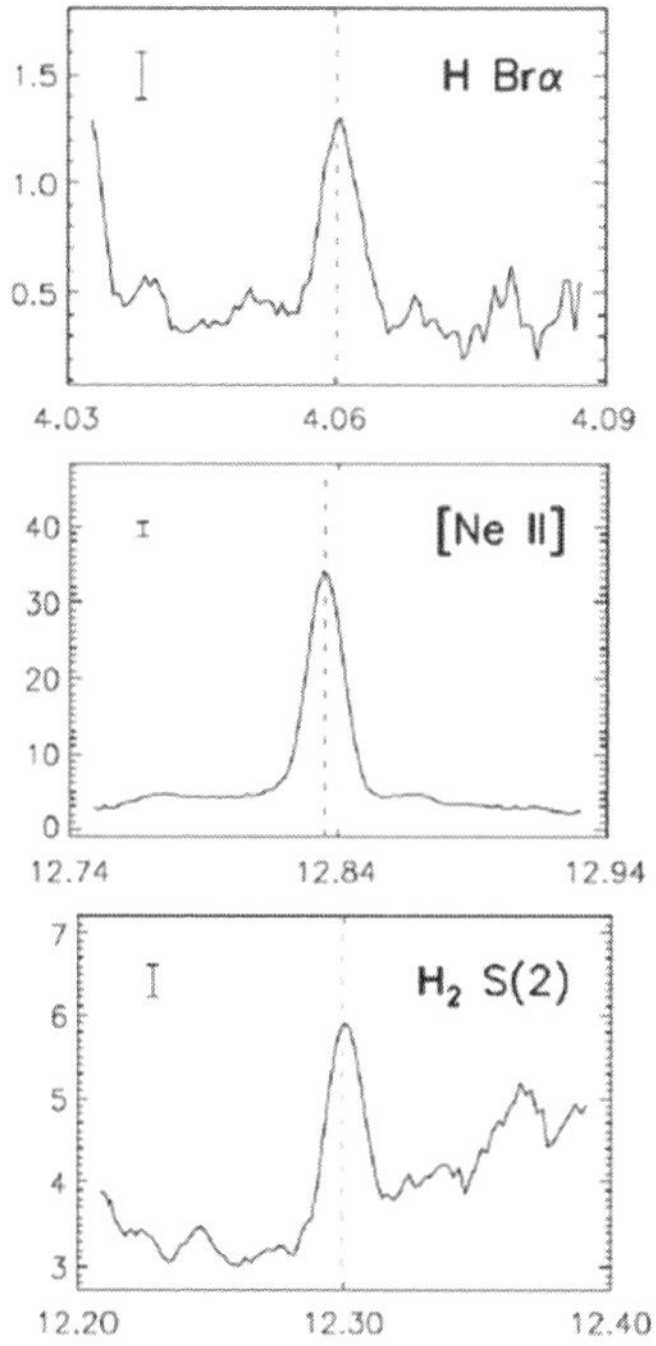

図A6.18 NGC 4945（図A6. 19）の活動銀河中心核から放射される近赤外線から中間赤外線帯の輝線スペクトル
（上）水素原子の再結合線ブラケットα（Brα）；準位$n = 4 \to 3$間の遷移で放射される輝線。ここでnは主量子数である。（中央）一階電離ネオンの禁制線、（下）水素分子の振動回転準位輝線。S(2)は回転準位$J = 4 \to 2$間の遷移で放射される輝線。〔H. W. W. Spoon, *et al*. (2000) A&A, **357**, 98〕

表A6.2 活動銀河中心核付近で観測される近赤外線から中間赤外線帯のスペクトル輝線 〔H. W. W. Spoon, *et al*. (2000) A&A, **357**, 898〕

Identification	λ_{rest} (μm)
H_2(1－0) Q(3)	2.424
H I Brα	4.052
H_2(0－0) S(7)	5.510
H_2(0－0) S(5)	6.909
H I Pfα	7.460
[Ne VI]	7.652
[Ar III]	8.991
[S IV]	10.511
H_2(0－0) S(2)	12.279
[Ne II]	12.814
[Ne V]	14.322
[Cl II]	14.368
[Ne III]	15.555
H_2(0－0) S(1)	17.035
[S III]	18.713
[Ar III]	21.829
[Fe III]	22.925
[Fe I]	24.042
[Ne V]	24.318
[S I]	25.257
[O IV]	25.890
[Fe II]	25.988
H_2(0－0) S(0)	28.221
[S III]	33.481
[Si II]	34.815
[Fe II]	35.349
[Ne III]	36.014
o-H_2O	40.341

λ_{rest} は静止系での輝線の波長。観測される波長 λ_{obs} は銀河の赤方偏移zに依存し、$\lambda_{obs} = (1+z)\,\lambda_{rest}$ となる。

だからだ。他の波長帯(電波より波長の短い電磁波)でEHT級のVLBIを構築して新たな地平を切り開いていく。それが次の世代に託されている。

幾多の失敗が待っていることだろう。それでも、夢を持って研究していくことが大切なのだ。

夢は、いつかは叶う。EHTチームがそれを示してくれたではないか。ということで「Go!」だ。

図A6.19 ケンタウルス座の方向にある棒渦巻銀河NGC 4945

2型セイファート銀河だが、中心部には電波源も擁しており、X線も検出されている。距離は約1300万光年。　〔ESO〕

谷口義明（たにぐち・よしあき）
放送大学教授。愛媛大学名誉教授。理学博士（東北大学）。東京大学附属東京天文台助手，東北大学大学院理学研究科助教授，愛媛大学宇宙進化研究センター長などを経て現職。
専門は宇宙物理学で，銀河，巨大ブラックホール，暗黒物質，宇宙の大規模構造など。おもな著書に『天の川が消える日』（日本評論社，2018），『宇宙はなぜブラックホールを造ったのか』（光文社，2019），『アンドロメダ銀河のうずまき』（丸善出版，2019）など多数。

ついに見えたブラックホール
地球サイズの望遠鏡がつかんだ謎

令和 2 年 7 月 30 日　発　行

著作者　谷　口　義　明

発行者　池　田　和　博

発行所　丸善出版株式会社
〒101-0051 東京都千代田区神田神保町二丁目17番
編集：電話(03)3512-3265 ／ FAX(03)3512-3272
営業：電話(03)3512-3256 ／ FAX(03)3512-3270
https://www.maruzen-publishing.co.jp

組版／株式会社 薬師神デザイン研究所
印刷・製本／藤原印刷株式会社

ISBN 978-4-621-30518-8 C 1044　　Printed in Japan

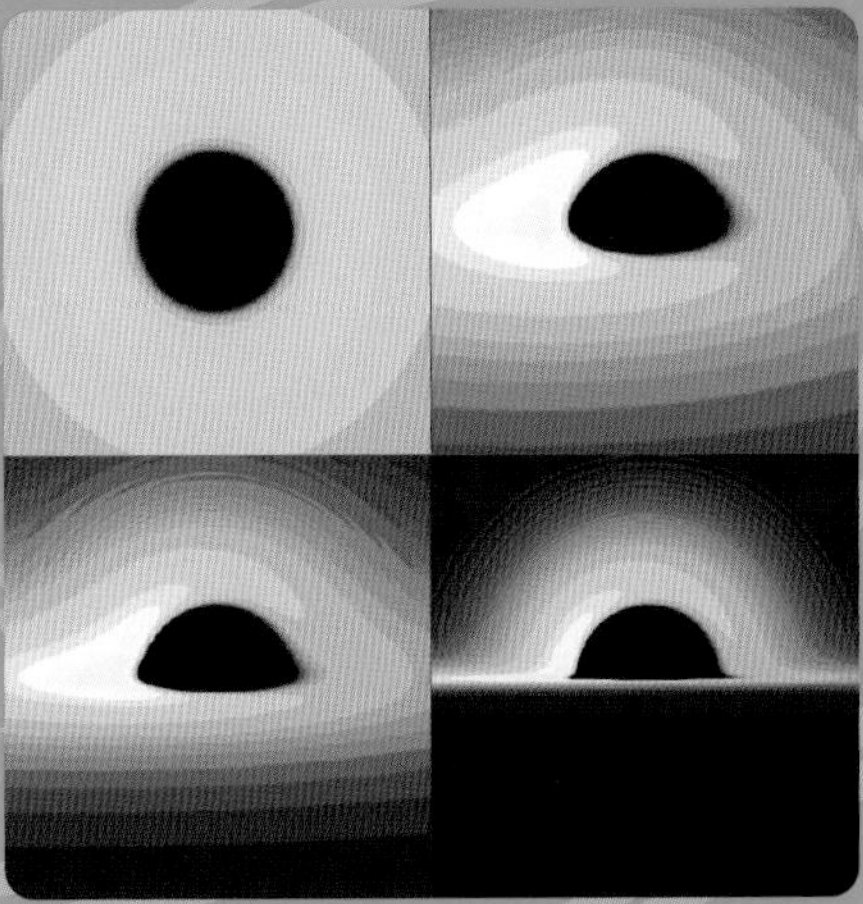

図2.9　降着円盤を見る角度によってブラックホール・シャドウの見え方が変わる
（左上）真上から見る場合、（右上）降着円盤の回転軸から30度ずれた方向から見る場合、（左下）降着円盤の回転軸から60度ずれた方向から見る場合、（右下）真横から見る場合。
〔福江純、イラスト：真貝理香〕

図5.3　M87のジェットの多波長画像
可視光、X線（図5.4を参照）、電波で示されている。観測された天域の広さは14.4分角四方。
〔X線: NASA/CXC/CfA/W. Forman *et al.*; 電波: NRAO/AUI/NSF/W. Cotton; 可視光: NASA/ESA/Hubble Heritage Team (STScI/AURA), R. Gendler〕

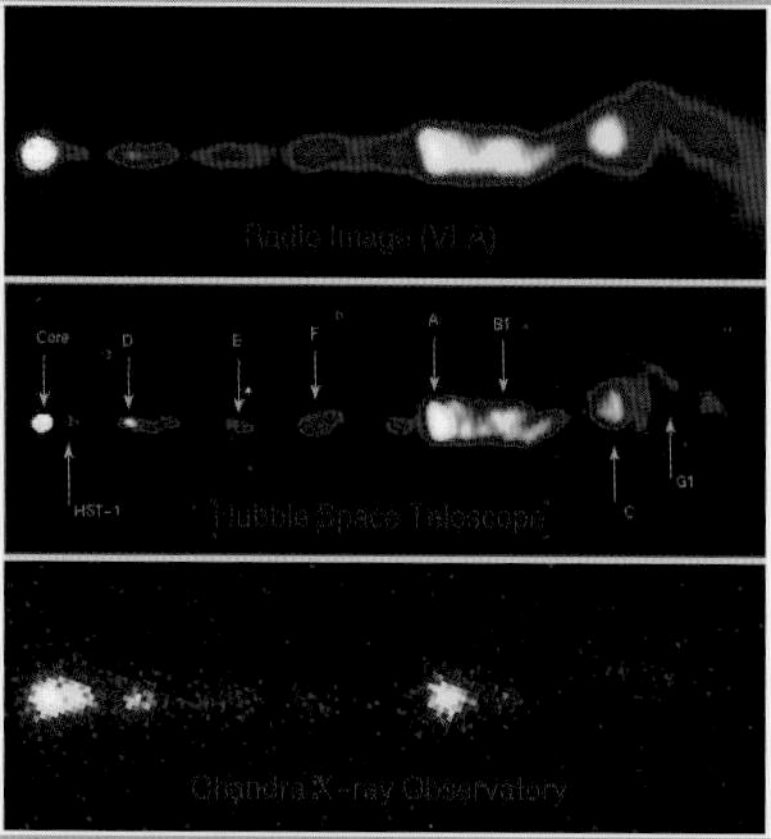

図5.4 M87のジェットのうち、可視光で見えている領域の多波長画像

(上) 電波、(中央) 可視光、(下) X線。それぞれ、米国国立電波天文台の大規模電波干渉計(Very Large Array、VLA)、ハッブル宇宙望遠鏡、チャンドラX線天文台で取得されたイメージ。中央のパネルの左にある「コア (core)」 のところに超大質量ブラックホールがある(図5.9参照)。ここで示されているジェットのスケールは30秒角(約8000光年)。
〔X線: NASA/CXC/MIT/H. Marshall *et al.*,電波: F. Zhou, F. Owen (NRAO), J. Biretta (STScI), 可視光: NASA/STScI/UMBC/E. Perlman *et al.*〕

図6.10 (右) 波長20 cmの電波連続光で見たNGC 5128の電波ジェット

(左) 電波(サブミリ波870μm)、X線、可視光の合成画像。

〔(右) NRAO/AUI、(左) 可視光 : ESO/WFI; 電波: MPIfR/ESO/APEX/A. Weiss *et al.*; X線 : NASA/CXC/CfA/R. Kraft *et al.*〕

世界一集約な林業、京都北山スギ人工林。密植、枝打ちで最高級床柱を生産。

木曽ヒノキ天然生美林。330年生、樹高30ｍ以上（『明日はヒノキになろう』、ここの下層にはアスナロは無い）。

左　森と水と水鳥の風景。青森県十二湖(『山紫水明』)。

右　里山、雑木林の秋。松本市郊外(『お爺さんは山へ柴刈りに』他)。

下　明治神宮内苑の森(『しずかなること林の如し』)。

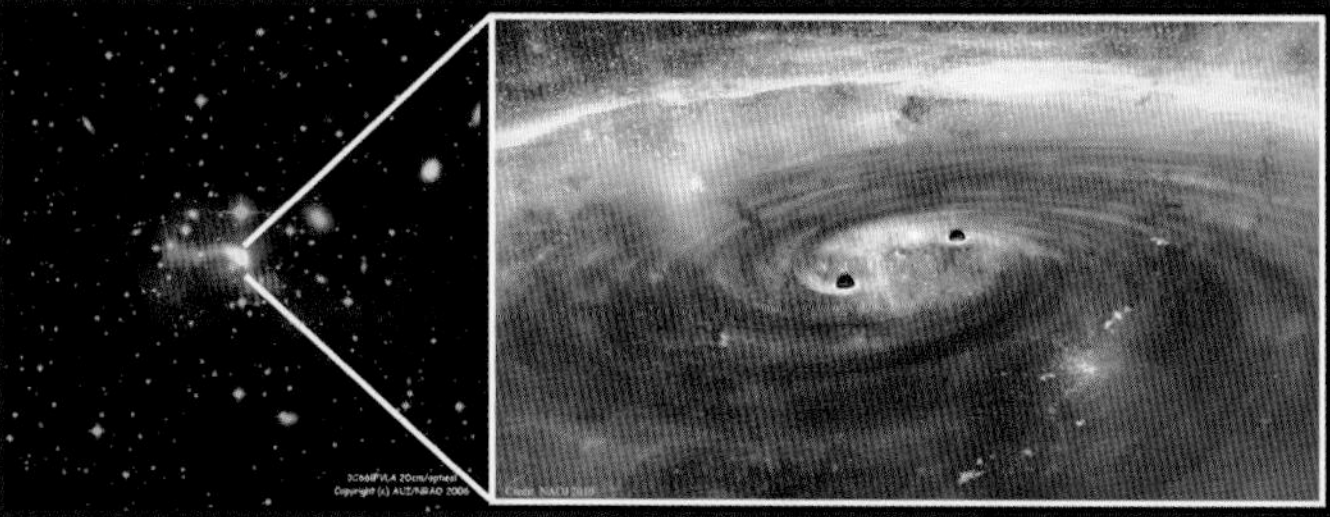

図7.6　電波銀河3C 66Bの中心核にある超大質量ブラックホール連星
(左) 可視光と電波の合成画像。銀河本体を遥かにしのぐ電波ジェットが出ている。(右) 超大質量ブラックホール連星が公転運動をする様子(イラスト)。
〔井口聖(国立天文台)〕

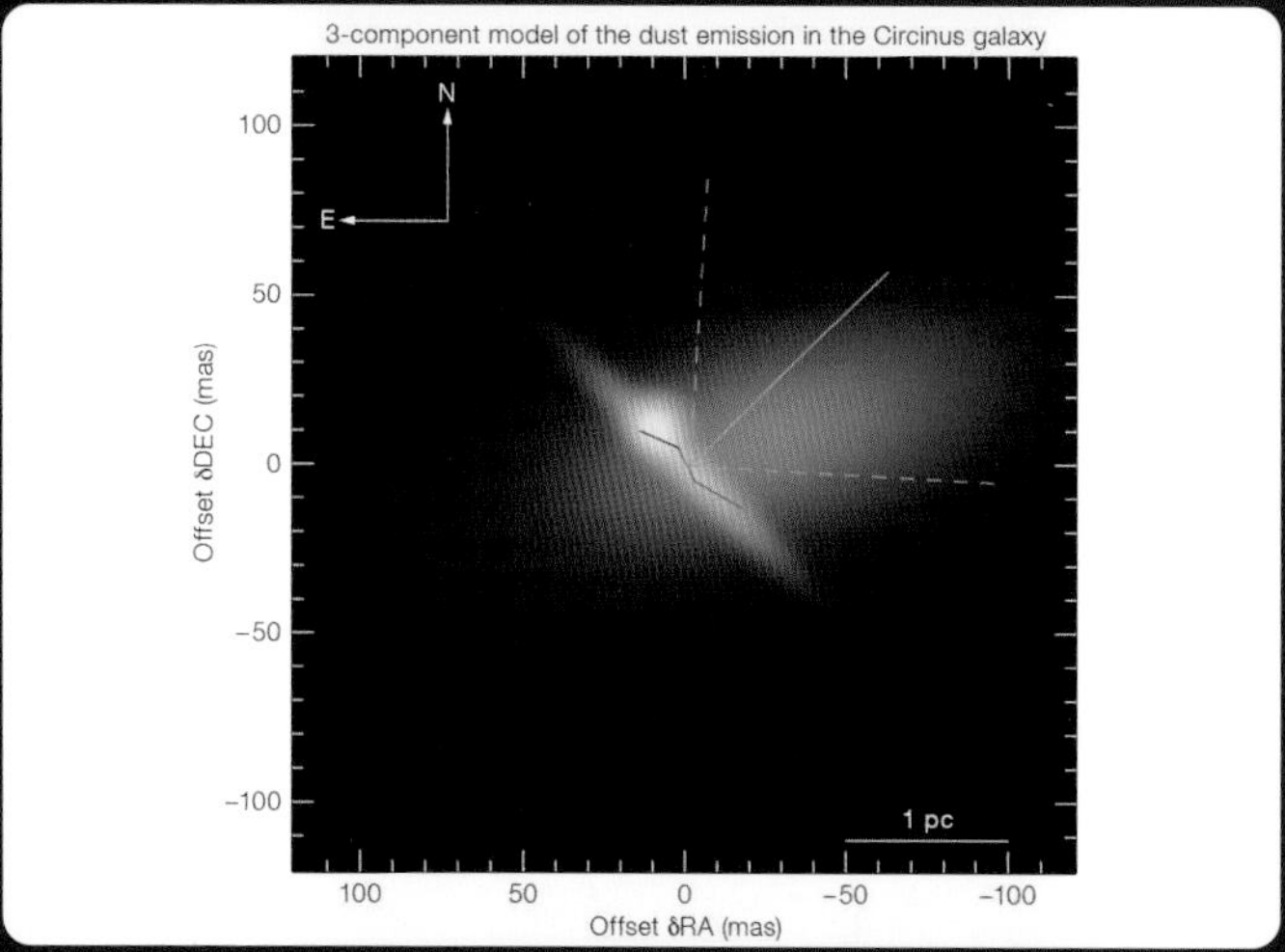

図A6.8　VLTI/MIDIが見たESO 97-G13の中心部
右斜め上に伸びる実線はジェットの出ている方向。点線はジェット周辺の電離ガス領域の広がりで、コーン状に出ている。中央にある左上から右下に伸びる折れ線は水分子で観測されているメーザー輝線の分布。左下ではわれわれから遠ざかる方向に運動しており、右上ではわれわれに近づく方向に運動している。これは分子ガスの回転運動を反映している。右下にあるスケール1 pc は3.26光年に相当する。
〔ESO〕

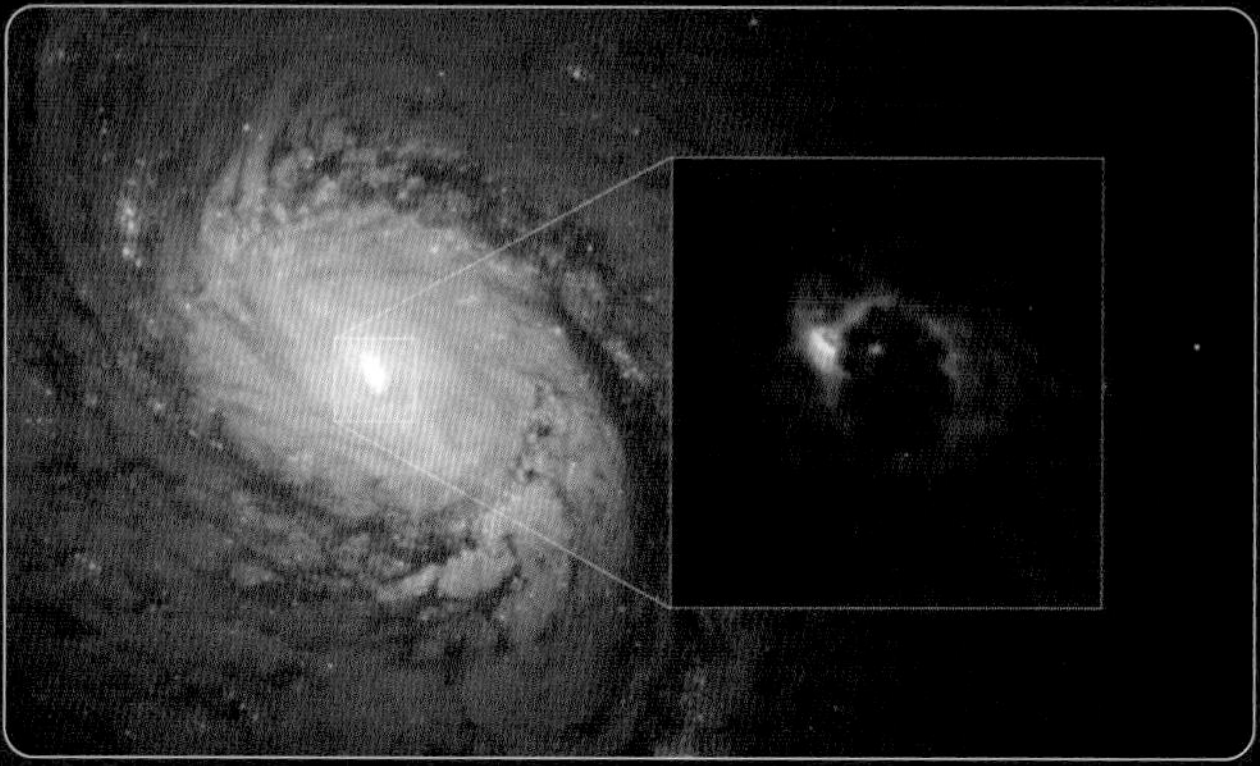

図A6.11　NGC 1068 の中心領域にある高密度分子ガス雲の分布
馬蹄形をした非対称なガス雲（半径700光年）と中心のコンパクトなガス雲（半径20光年）が見える。HCO^+分子（ホルミルイオン）、HCN（シアン化水素）分子の放射する電波輝線。〔ALMA (ESO/NAOJ/NRAO), M. Imanishi *et al.*, NASA/ESA Hubble Space Telescope & A. van der Hoeven〕

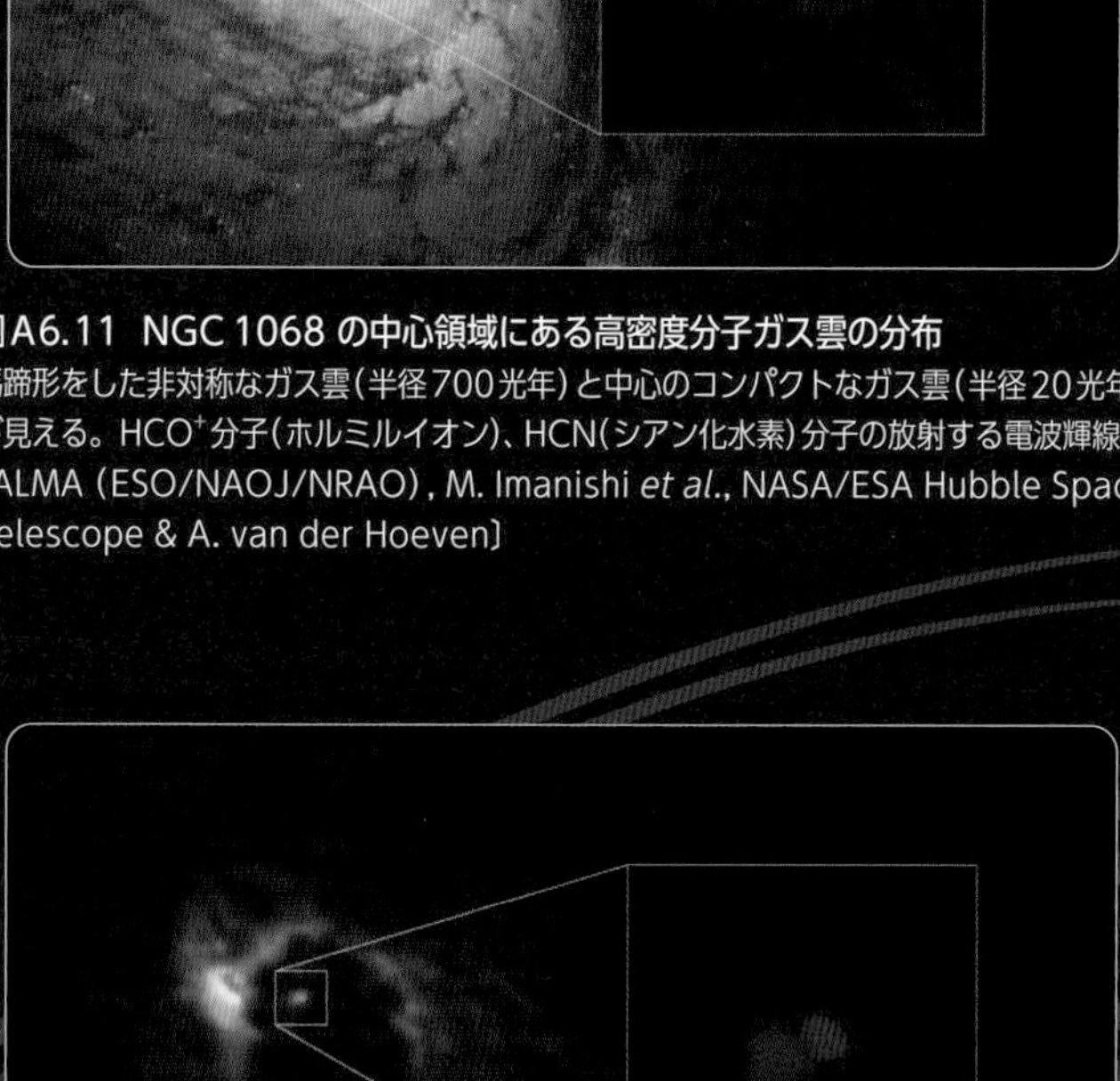

図A6.12　NGC 1068 の中心のコンパクトなガス雲（半径20光年）のHCO^+分子（ホルミルイオン）とHCN（シアン化水素）で調べられた回転運動
右はわれわれに近づくガス雲で、左は遠ざかるガス雲である。
〔ALMA (ESO/NAOJ/NRAO), M. Imanishi *et al.*〕

八ヶ岳縞枯山の景観(『枯れ木も山の賑わい』)。

富士山の高山帯、カラマツ低木群
(『柳に風(雪)折れなし』)。

京都嵐山。左は昭和初年、アカマツ林。右は昭和60年頃、広葉樹林(『過ぎたるは及ばざるが如し』)。

ヨーロッパのブナ林。下層に植生は少ない。
ドイツ・ゲッチンゲン市郊外。

熱帯多雨林の巨大な板根。マレーシア・パソー
(『庇を貸して母屋を取られる』)。

ヨーロッパの山と農村。ドイツ・フライブルグ近郊(『弱肉強食』)。